FORSCHUNGSBERICHT DES LANDES NORDRHEIN-WESTFALEN

Nr. 2652/Fachgruppe Maschinenbau/Verfahrenstechnik

Herausgegeben im Auftrage des Ministerpräsidenten Heinz Kühn
vom Minister für Wissenschaft und Forschung Johannes Rau

Dipl.-Ing. Klaus Schymanietz
Prof. Dr.-Ing. August Wilhelm Quick
Prof. Dr.-Ing. Rolf Staufenbiel
Institut für Luft- und Raumfahrt
der Rhein.-Westf. Techn. Hochschule Aachen

Konzentrationsmessungen
an querangeblasenen Freistrahlen zur Bestimmung
der Mischungsverhältnisse

WESTDEUTSCHER VERLAG 1977

CIP-Kurztitelaufnahme der Deutschen Bibliothek

Schymanietz, Klaus
Konzentrationsmessungen an querangeblasenen
Freistrahlen zur Bestimmung der Mischungs-
verhältnisse / Klaus Schymanietz; August
Wilhelm Quick; Rolf Staufenbiel. - 1. Aufl. -
Opladen: Westdeutscher Verlag, 1977.

(Forschungsberichte des Landes Nordrhein-
Westfalen; Nr. 2652 : Fachgruppe Maschi-
nenbau/Verfahrenstechnik)
ISBN 978-3-531-02652-7   ISBN 978-3-322-88375-9 (eBook)
DOI 10.1007/978-3-322-88375-9
NE: Quick, August Wilhelm: Staufenbiel, Rolf:

© 1977 by Westdeutscher Verlag GmbH, Opladen
Gesamtherstellung: Westdeutscher Verlag

Inhalt

Zusammenstellung	5
1. Darstellung des Forschungsvorhabens	6
2. Versuchsaufbau und -durchführung	6
2.1 Versuchsaufbau	6
2.2 Meßprinzipien	7
2.2.1 Konzentrationsmessung	7
2.2.2 Hitzdrahtmessung	9
2.2.3 Fünflochsondenmessung	1o
3. Meßergebnisse	11
3.1 Diskussion der Ergebnisse am nichtabgelenkten Strahl	11
3.2 Meßergebnisse beim abgelenkten Freistrahl	13
3.2.1 Ergebnisse aus Konzentrationsmessungen	13
3.2.2 Ergebnisse aus Fünflochsondenmessungen	15
3.2.3 Vergleich der Ergebnisse aus Konzentrations- und Fünflochsondenmessungen	18
4. Theoretische Betrachtung	2o
4.1 Beschreibung des Modells	2o
4.1.1 Aufstellen der Bilanzgleichungen	2o
4.1.2 Aufstellen der Differentialgleichungen	23
4.2 Diskussion der Ergebnisse	26
5. Schlußfolgerung	27
6. Literaturverzeichnis	29
7. Abbildungen	31

Bezeichnungen

a	Temperaturleitfähigkeit
a_n	Normalbeschleunigung
A	Fläche
A_1, A_2	Eintritts-, Austrittsfläche
A_t	turb. Impulsaustauschgröße
A_q	turb. Wärmeaustauschgröße
b	Strahlbreite
c	prozentuale Strahlanteile
c_w	Widerstandsbeiwert
D	Düsendurchmesser
e	Ansaugmenge pro Längeneinheit
g	Erdbeschleunigung
I	Intensität einer Strahlung
K	Krümmung
k	Koeffizient für Fünflochsondenmessung
l	Lauflänge des Freistrahls
$\dot{m}_e$	Zuströmmasse pro Zeiteinheit
$\dot{m}$	Masse pro Zeiteinheit
m	Achse im mitlaufenden Koordinatensystem
n	Achse im mitlaufenden Koordinatensystem
p	Druck
q	Staudruck
r	Krümmungsradius
R	Geschwindigkeitsverhältnis w_D/u_o
T	Temperatur
u, v, w	Geschwindigkeitskomponenten
x, y, z	kartesische Koordinaten
α	Anstellwinkel
β	Schiebewinkel
ε	Konstante
ϑ	Temperaturdifferenz
ν	kinematische Zähigkeit
ρ	Dichte
φ	Bahnneigungswinkel

Indices

D	bezogen auf Düsenaustritt
e	bezogen auf Zuströmung
o	bezogen auf ungestörte Umgebung
R	bezogen auf Randwert
1 ÷ 4	bezogen auf Bohrungen der Fünflochsonde
max	bezogen auf Maximalwert
n, N	bezogen auf Normale
st	statisch
j	beliebiger Punkt
m	mittlere Bohrung der Fünflochsonde

Zusammenfassung

Zur Bestimmung der Mischungsvorgänge in Luftstrahlen, die durch eine Querströmung abgelenkt werden, wurden Konzentrations- sowie Geschwindigkeits- und Druckmessungen durchgeführt. Dabei dient ein kreisrunder Freistrahl, der aus einer Ebene austritt und senkrecht zu seiner Austrittsachse angeblasen wird, als Beispiel für derartige Strömungsverhältnisse. Für die Konzentrationsmessungen wird der Freistrahl mit 1 Vol % CO_2 geimpft; mit Hilfe eines Gasanalysators wird die CO_2-Verteilung in und um den Strahl gemessen. Die Ermittlung der Geschwindigkeitsvektoren sowie der statischen Druckverteilung erfolgt über eine Fünflochsonde. Zu Vergleichszwecken wird ebenfalls der nicht abgelenkte runde Freistrahl untersucht. Die Geschwindigkeitsverhältnisse R zwischen Strahl- und Queranströmgeschwindigkeit betrugen 4 und 8 bei den Konzentrationsmessungen, bei den Fünflochsondenmessungen 4. Es besteht für alle Messungen Temperaturgleichheit zwischen Strahl und Umgebung bzw. Querströmung.

Die ermittelten Konzentrations- und Geschwindigkeitsprofile beim nicht abgelenkten Strahl sind einander ähnlich. Bei Strahlablenkung besteht diese Ähnlichkeit nicht. Während sich ein nierenförmiges Geschwindigkeitsgebiet mit Übergeschwindigkeiten gegenüber der Queranströmgeschwindigkeit u_o ausbildet, herrscht im Leebereich dazu eine Geschwindigkeit kleiner u_o.
Das Gebiet, in dem sich die Freistrahlanteile befinden, schließt beide Geschwindigkeitsbereiche ein. In Düsenaustrittsnähe befindet sich der Hauptteil des Strahlvolumens noch im Gebiet mit Übergeschwindigkeiten. Weiter stromab - für R = 4 etwa ab $l/D = 4$ - liegen die Maxima der Strahlanteile leeseitig im Bereich mit Geschwindigkeiten kleiner u_o.
Als Strahlquerschnitt wird das Gebiet bezeichnet, in dem sich Strahlanteile befinden. Mit einem Strömungsmodell, in dem die beschriebenen Querschnittsformen berücksichtigt sind, wird eine gute Übereinstimmung mit den gemessenen Ergebnissen erzielt.

1. Darstellung des Forschungsvorhabens

In diesem Forschungsvorhaben wurden Strömungs- und Transportvorgänge in Luftstrahlen untersucht, die sowohl in ruhende Umgebungsluft eintauchten als auch durch eine Querströmung abgelenkt wurden. Dabei diente ein kreisrunder Freistrahl, der aus einer Ebene austrat und - im Fall der Queranströmung - senkrecht zu seiner Austrittsachse angeblasen wurde, als Beispiel derartiger Strömungsverhältnisse.

Die Kenntnis dieser Mischungsvorgänge ist von großer Wichtigkeit. Die verschiedenen Anwendungsbereiche treten auf bei Mischungsvorgängen in Brennkammern, in verwehten Strahlen aus Schornsteinen und Kühltürmen. Auch die Effektivität vieler Mischungsprozesse in der Verfahrenstechnik beruht auf der Kenntnis von Ansaug- und Mischungsvorgängen. Im Gebiet der Luftfahrttechnik gilt das besondere Interesse den Strömungsvorgängen am strahlgetriebenen Flugzeug bei großem Anstellwinkel, bei Schubumkehr sowie luftstrahlgestützten Flugzeugen in der Transitionsphase, wobei Sekundärströmungen starke strahlinduzierte Kräfte und Momente auf das Flugzeug ausüben.

2. Versuchsaufbau und -durchführung

2.1 Versuchsaufbau

Die Versuche wurden durchgeführt in der Meßstrecke des Unterschallwindkanals im Institut für Luft- und Raumfahrt der RWTH Aachen. Es handelt sich um einen Windkanal Göttinger Bauart mit geschlossenem Luftkreislauf und offener Meßstrecke. Der Düsendurchmesser beträgt 1,5 m, die Meßstreckenlänge 3 m. In dem mit zwei Antriebsmotoren ausgestatteten Kanal (5oo kW Drehstrommotor, 15 kW Gleichstrom-Nebenschluß-Motor) kann die Geschwindigkeit somit in zwei Bereichen (1 - 1o m/s und 7 - 7o m/s) geregelt werden. Der Kanal besitzt einen zuschaltbaren äußeren Luftkreislauf. Durch dieses Absauggebläse mit einer Fördermenge von 31 m^3/s kann erhitzte oder mit Testgas angereicherte Kanalluft durch Frischluft ersetzt werden.

Die Luftzufuhr für den Versuchsfreistrahl erfolgte aus einem Druckspeicher (3 m^3, 16 atü), der von einem Zweistufenkompressor mit einem Leistungsvermögen von 480 Nm^3/h gespeichert wurde, und über eine Blendendifferenzdruckregelung. Die Freistrahldüse (D = 40 mm) lag in einer von einer Kreisscheibe (d = 520 mm) gebildeten Ebene. Die Freistrahlachse war senkrecht ausgerichtet zur Strahlachse des Unterschallwindkanals, durch den der erforderliche Querwind für die gewünschten Geschwindigkeitsverhältnisse erzeugt wurde, während für die Messungen eine konstante Freistrahlgeschwindigkeit w_D = 80 m/s eingestellt wurde. Abbildung 1 zeigt schematisch den Versuchsaufbau und die Meßwerterfassung. Es wurden drei verschiedene Meßprinzipien angewandt, Konzentrations-, Hitzdraht- und Fünflochsondenmessungen.

Die Untersuchung der Konzentrations-, Geschwindigkeits- und Druckverteilungen im Strahl erfolgte in Querschnittsebenen senkrecht und parallel zur Freistrahlachse. Hierbei wurden Konzentrationsmessungen durchgeführt für den unabgelenkten Strahl bis zu einer Entfernung l/D = 15, bei dem Geschwindigkeitsverhältnis R = 4 bis l/D = 15,3 (x/D = 12) und bei R = 8 bis l/D = 18,3 (x/D = 10). Geschwindigkeitsmessungen mit der Hitzdrahtsonde erfolgten für den unabgelenkten Strahl bis l/D = 15 und Fünflochsondenmessungen im Fall ohne Queranströmung bis l/D = 40 und bei R = 4 bis l/D = 15,3 (x/D = 12). In Abbildung 2 ist das Koordinatensystem aufgezeichnet.

Die bei den Messungen notwendigen Bewegungen der Meßsonden wurden mit einem Sondenverschiebegerät ausgeführt. Es besitzt drei translatorische und zwei rotatorische Freiheitsgrade. Es ist so konzipiert, daß die Sondenspitze bei Drehungen um die Hochachse (Y-Achse) und bei Neigungswinkeländerungen nicht aus dem Meßpunkt wandert.

2.2 Meßprinzipien

2.2.1 Konzentrationsmessung

Für die Konzentrationsmessungen wurde die Freistrahlluft mit 1 Vol % CO_2 geimpft und mit Hilfe eines Infrarotgasanalysators die CO_2-Verteilung in und um den Strahl gemessen. Als Gasentnahmesonde diente ein Pitotrohr. Es wurden Konzentrationswerte aufgenommen im Mischbereich, vor der Freistrahldüse und außerhalb des Vermischungsgebietes. Das Meßprinzip beruht auf der spezifischen Strahlungsabsorption von CO_2 im infraroten Spektralbereich zwischen 2,4 µm und 16 µm Wellenlänge.

Zur Messung der Absorption wird das Meßgas durch die Analysenkammer geleitet. In einer parallel angeordneten Vergleichskammer befindet sich Stickstoff, der praktisch keine Strahlung absorbiert. Die Infrarotstrahlung fällt nach Durchlaufen der Analysenbzw. Vergleichsküvette in eine durch eine Membran getrennte und mit dem zu messenden Gas gefüllte Empfängerkammer, von wo aus das von einem Kondensator, der aus der Membran und einer Gegenelektrode besteht, erhaltene Signal verstärkt und für den Meßausgang aufbereitet wird. Die einfallende Strahlung wird nur in den speziellen Absorptionsbanden absorbiert. Eine quantitative Aussage wird durch das Lambert-Beersche Absorptionsgesetz gegeben, wonach zwischen einfallender Intensität I_e und in der Meßküvette absorbierter Strahlung I_a gilt:

$$I_a = I_e \left[1 - e^{-\varepsilon(\lambda) \cdot d \cdot \rho}\right]$$

Der absorbierte Anteil hängt neben einem Parameter der Strahlungswellenlänge $\varepsilon(\lambda)$ ab von der Länge der Meßkammer d und der Dichte des absorbierenden Gases ρ. Zwischen ρ und der Volumenkonzentration $\varkappa$ besteht die Beziehung

$$\rho = \varkappa \, \rho_0 \, \frac{p}{p_0} \, \frac{T_0}{T}$$

Bei konstanten Werten von p und T ist ρ nur von $\varkappa$ abhängig. Die im Analysegerät ermittelten Konzentrationswerte wurden in ein Gleichspannungssignal umgesetzt und über einen Analog-Digital-Wandler einem Prozeßrechner PDP 8e zugeführt.

In einem Meßprogramm wurde pro Meßpunkt über eine Zeitdauer von
20 sec aus 100 Abfragen ein Mittelwert gebildet. Vor und nach
der Aufnahme einer Reihe von Meßpunkten (max. 10) wurden Werte
der Konzentration vor der Freistrahldüse und außerhalb des Vermischungsgebietes in der Unterschalldüse aufgenommen. In der
weiteren Auswertung wurde mit den Daten über die CO_2-Anteile
im Vermischungsgebiet des Freistrahls sowie den Referenzdaten
aus Umgebungs- und Freistrahlkonzentration vor dem Düsenaustritt der prozentuale aus dem Freistrahl stammende Anteil pro
Volumenelement ermittelt. Dabei ergab sich die Beziehung

$$c = \frac{\gamma - \beta}{\alpha - \beta}$$

mit c als dem aus dem Freistrahl stammenden Anteil pro Volumenelement, α, β, γ als CO_2-Prozentanteilen im Freistrahl vor
dem Düsenaustritt, in der Umgebungsluft und im Mischbereich.

2.2.2 Hitzdrahtmessung

Die Geschwindigkeitsprofile des unabgelenkten Freistrahls wurden
mit Hitzdrahtsonden nach dem Konstant-Temperatur-Prinzip ermittelt. Dabei wird die Temperatur des aufgeheizten Hitzdrahtes
konstant gehalten und der Heizstrom über die Anemometerspannung
entsprechend der Wärmeabfuhr am Draht geregelt. Die Anemometerausgangsspannung ist nicht linear abhängig von der Anströmgeschwindigkeit am Hitzdraht. Es gilt die King'sche Gleichung

$$V_B = A + B u^n$$

mit V_B als Ausgangsspannung, u als Anströmgeschwindigkeit, A und B
Konstanten. Der Exponent n wird experimentell während der Sondeneichung ermittelt und einem dem Anemometer nachgeschalteten Linearisator eingegeben, wodurch ein lineares Spannungs-Geschwindigkeitsverhalten erreicht wird.

Die Messungen wurden mit einer X-Sonde, bei der zwei Hitzdrähte
unter 90° zueinander angeordnet sind, durchgeführt.

Die Sonde wurde im Meßpunkt um die Winkel α und β gedreht, so
daß das einem Hitzdraht zugehörige Anemometer einen minimalen
Spannungswert anzeigte, also dieser Hitzdraht parallel zur
Strömungsrichtung stand. Der als Meßdraht ausgewählte andere
Hitzdraht steht somit senkrecht zum örtlichen Strömungsvektor
und liefert den maximalen Spannungswert, der den Betrag des
Strömungsvektors liefert. Diese Meßdaten gelangten ebenfalls
über den Analog-Digital-Wandler und den Rechner zur weiteren
Auswertung.

2.2.3 Fünflochsondenmessung

Um neben den Geschwindigkeitsvektoren auch die statische Druckverteilung innerhalb eines abgelenkten Strahls zu ermitteln,
wurde eine gekröpfte Halb-Kugelkopf-Fünflochsonde gebaut.
Abbildung 3 zeigt die Fünflochsonde. Im Sondenkopf befinden
sich fünf Bohrungen, eine Mittelbohrung und vier auf einem
Kreis unter 45° zur Achse geneigte und sich gegenüberliegende
Seitenbohrungen. Der Bohrungsdurchmesser beträgt 0,4 mm. Die
Drücke wurden über Druckschläuche auf einen in einem Scanivalve
liegenden Druckaufnehmer geleitet. Das Meßsignal gelangt über
einen Meßverstärker, Analog-Digital-Wandler in den PDP 8e-Rechner.

Die Sonde wurde in der Meßstrecke des Unterschallkanals geeicht.
Der Sondenkopf wurde auf Druckgleichheit zwischen den gegenüber-
liegenden Druckbohrungen p_1 und p_3 sowie p_2 und p_4 ausgerichtet.
Aus den am Sondenkopf gemessenen fünf Drücken und den bei der
Eichung bekannten Werten für den Gesamtdruck und den statischen
Druck wurden geeignete Koeffizienten gebildet für die Winkel α
und β (k_α und k_β), den Gesamtdruck (k_{pt}) und den statischen
Druck (k_p). Infolge der Staudruckunabhängigkeit der Koeffizienten
werden die Strömungsparameter α, β, p_t (k_{pt}) und p (k_p) als
Funktion von k_α und k_β dargestellt. Die zweidimensionale Funktion
soll als Polynom dargestellt werden. Durch Einführen einer neuen
Variablen V = f(k_α, k_β) läßt sich das zweidimensionale Problem
auf ein eindimensionales zurückführen. Bei Beschränkung auf

Polynome dritten Grades ergeben sich somit 16 zu bestimmende
Koeffizienten. Es sind also 16 Gleichungen bzw. Eichpunkte notwendig. Ist das System überbestimmt, so wird zur Reduzierung
ein Verfahren der punktweisen quadratischen Approximation nach der
Methode der kleinsten Fehlerquadrate benutzt. Mit Hilfe eines
numerischen Rechenverfahrens - modifiziertes Gaußsches Eliminationsverfahren - wurde das Gleichungssystem auf einem Digitalrechner gelöst und die Koeffizienten für α, β, k_{pt} und k_p
bestimmt.

Bei den Messungen im abgelenkten turbulenten Strahl wurde die
Sonde in Richtung des örtlichen Strömungsvektors ausgerichtet,
um eine symmetrische Umströmung des Sondenkopfes zu erreichen.
Dieses Vorgehen erwies sich als notwendig für die Bestimmung
des statischen Druckes und ergab eine direkte Bestimmung der
Strömungswinkel α und β. Über die aus den fünf Sondendrücken
erhaltenen Strömungsparameter p_m, k_α und k_β konnten mit den
im Eichversuch ermittelten Koeffizienten die gesuchten Parameter für den Gesamtdruck k_{pt} und den statischen Druck k_p
und somit die Druck- und Geschwindigkeitswerte im Meßpunkt
bestimmt werden.

3. Meßergebnisse

3.1 Diskussion der Ergebnisse am nichtabgelenkten Strahl

Die bei Temperaturgleichheit zwischen Freistrahl und Umgebung
gemessenen Konzentrations- und Geschwindigkeitsprofile weisen
ähnliche Verläufe auf, was durch eine Analogie der Austauschvorgänge erklärt werden kann. In Abbildung 4 ist in dimensionsloser Form der Geschwindigkeits-, Konzentrations- und
Temperaturverlauf im Anfangsbereich aufgetragen. Auf der Abszisse
ist aufgetragen das Verhältnis der Abstände zwischen Meßpunkt
und dem Punkt halber Maximalgeschwindigkeit einerseits und den
Punkten, bei denen w/w_o = 0,9 und 0,1 erreicht wird. Abramovich

hat die Universalität der Verläufe für diese Auftragungsart
für z/D < 3 nachgewiesen. Man erkennt eine gute Übereinstimmung
zwischen dem Konzentrations- und Temperaturverlauf. Im Vergleich
mit dem Geschwindigkeitsprofil fällt die stärkere Aufweitung auf,
die durch einen stärkeren Austauschvorgang von Wärme- bzw. Strahlanteilen mit Umgebungsluft zu erklären ist. Abbildung 5 zeigt den
Geschwindigkeits-, Konzentrations- und Temperaturverlauf im voll-
turbulenten Bereich des Strahls. Während ab l/D = 7 ein uniformes
Geschwindigkeitsprofil existiert, stellt sich für den Konzentra-
tionsverlauf eine Gleichförmigkeit erst ab l/D = 1o ein. Die im
Anfangsbereich bestehende Übereinstimmung zwischen Konzentrations-
und Temperaturprofil konnte in diesem Bereich nicht mehr nachgewiesen werden. In Abbildung 6 ist der Verlauf der maximalen
Geschwindigkeiten w_{max}/w_o, Strahlanteile c_{max}/c_o und (aus der
Literatur [14], [15] entnommener) Temperaturen $\Delta T_{max}/\Delta T_o$ entlang
der Strahlachse aufgetragen. Hier ist ein nahezu gleicher Verlauf
von Geschwindigkeits- und Konzentrationsabfall und ein deutlicher
Unterschied zum Abfall der Temperaturdifferenzen festzustellen.

Die Ähnlichkeit der Konzentrations-, Geschwindigkeits- und
Temperaturverläufe in den gezeigten Diagrammen läßt sich erklären
aus der Analogie zwischen Stoff-, Impuls- und Wärmeaustausch.
Aussagen über die Gültigkeit der Analogien erhält man durch Vergleich der sich entsprechenden Terme aus der Bewegungsgleichung

$$\bar{u}\frac{\partial \bar{u}}{\partial x} + \bar{v}\frac{\partial \bar{u}}{\partial y} + \bar{w}\frac{\partial \bar{u}}{\partial z} = -\frac{\partial \bar{p}}{\partial x} + \nu \nabla^2 \bar{u} + \frac{A_t}{\rho}\nabla^2 \bar{u}$$

und der Energiegleichung

$$\bar{u}\frac{\partial \bar{\vartheta}}{\partial x} + \bar{v}\frac{\partial \bar{\vartheta}}{\partial y} + \bar{w}\frac{\partial \bar{\vartheta}}{\partial z} = a\nabla^2\bar{\vartheta} + \frac{A_q}{\rho}\nabla^2\bar{\vartheta}$$

mit A_t als turbulenter Impulsaustauschgröße und

A_q als turbulenter Austauschgröße für die Wärme.

Man sieht, daß bei Vorliegen ähnlicher Randbedingungen auch
ähnliche Strömungsfelder existieren.

Die Bestimmung der Zulaufmengen $\Delta \dot{m}$ zum Strahl ergab sich aus

$$\Delta \dot{m} = \dot{m} - \dot{m}_o$$

mit $\dot{m}_o$ als Durchflußmenge am Düsenaustritt und $\dot{m}$ als Durchflußmenge des betrachteten Querschnitts. Die Bestimmung von $\dot{m}$ erfolgte nach dem Kontinuitätssatz über

$$\dot{m} = 2\pi\rho \int_0^{y_R} w(y)\, y\, dy$$

mit y_R als Radius des Strahlquerschnitts in der jeweiligen Meßebene, der Dichte ρ und der örtlichen Geschwindigkeit $w(y)$ normal zur Querschnittsebene. Die Bestimmung des Integralwertes erfolgte über die dimensionslosen Geschwindigkeits- bzw. Konzentrationsprofile, da eine Übereinstimmung zwischen den Geschwindigkeitsprofilen

$$w/w_{max} = f(y/y_{(w_{max}/2)})$$

und den Konzentrationsprofilen

$$c/c_{max} = f(y/y_{(c_{max}/2)})$$

nachgewiesen werden konnte.

Die so bestimmte Massenzunahme im runden Freistrahl wurde im Vergleich mit den von Seibold [1], Hill [5] und Ricou / Spalding [4] ermittelten Werten in Abbildung 7 aufgetragen.

3.2 Meßergebnisse beim abgelenkten Freistrahl

3.2.1 Ergebnisse aus Konzentrationsmessungen

Der Verlauf der maximalen Strahlanteile in der Symmetrieebene für die Geschwindigkeitsverhältnisse R = 4 und R = 8 sowie der Verlauf der maximalen Geschwindigkeiten bei R = 4 im Vergleich mit in der Literatur ermittelten Verläufen für Maximalgeschwindigkeiten bei R = 4 und 8 ist in Abbildung 8 aufgetragen.

Man erkennt einen mehr oder weniger stark gestreuten Bereich, in dem die Achsverläufe liegen.

Dies läßt sich erklären einmal durch unterschiedliche Randbedingungen, wie Messungen mit und ohne Endscheibe, also unterschiedlich definierte Düsenaustrittsebenen wie auch verschieden starke Absolutgeschwindigkeiten für den Freistrahl und die Queranströmung, also Machzahleinfluß oder - bei zusätzlich unterschiedlichen Düsendurchmessern - Reynoldszahleinfluß, Parameter, die hier nicht näher untersucht wurden. Im direkten Vergleich von Konzentrations- und Geschwindigkeitsmessungen läßt sich für R = 4 feststellen, daß im Anfangsbereich kongruente Konzentrations- und Geschwindigkeitsverläufe vorliegen, die ab einer Lauflänge $l/D \gtrsim 7$ jedoch divergieren, zu einem Zeitpunkt, an dem die Ablenkung - gemessen am Verlauf der Strahlachse - schon nahezu abgeschlossen ist.

In den Abbildungen 9 und 1o sind die Linien gleicher Strahlanteile innerhalb zweier Strahlquerschnitte bei R = 4 und R = 8 für Meßebenen jeweils senkrecht zur Düsenaustrittsebene aufgetragen. Es ist deutlich die Bildung einer aus der Kreisstruktur entstandenen nierenförmigen Kontur im inneren Strahlbereich zu erkennen. Diese Form geht weiter stromab über in zwei zueinander achssymmetrische Gebiete, wobei eine Verlagerung der maximalen Strahlanteile in zwei Zentren außerhalb der in der Symmetrieebene liegenden Strahlachse stattfindet. Zum Strahlrand hin, also für Werte kleinerer Strahlanteile, findet eine Abschwächung der prägnanten Konturen statt, die einen kreisförmigen Strahlquerschnitt vermuten läßt.

In Abbildung 11 sind im Schnitt und in der Draufsicht neben dem Verlauf der Strahlmaxima in der Symmetrieebene auch die Lage der Maxima außerhalb der Strahlachse sowie die Randlinien für 0 % Strahlanteile aufgetragen.

Die Abnahme der Konzentrationswerte entlang der Strahlachse für R = 4 und R = 8 im Vergleich zum nichtabgelenkten Strahl

ist in Abbildung 12 aufgetragen. Es fällt die starke Reduzierung
der Kernlänge durch den Querwindeinfluß auf. Im Vergleich zu den
aus Konzentrationsmessungen erhaltenen Werten sind aus Geschwindigkeitsmessungen [1o] bestimmte Kernlängen angegeben. - Während
beim unabgelenkten Strahl der Konzentrationsabfall vom Kernende
ab im gemessenen Bereich nahezu linear verläuft, ist im abgelenkten
Fall ein anfänglich starker Gradient zu erkennen, dem sich ein flacher
Verlauf der Konzentrationsabnahme anschließt. Dieser rasche Konzentrationsabfall ist bedingt durch die starke Vermischung, die bei
einer Querströmung zusätzlich einsetzt. Daß der anfänglich stärkere Abfall bei $R = 4$ rascher in den asymptotischen Teil über-
geht, ist der zu diesem Zeitpunkt schon nahezu vollzogenen Ablenkung zuzuordnen. Die für $R = 8$ schwächere Umlenkung und der
somit längere Einfluß des Querwindeffektes ergeben den im weiteren
Verlauf stärkeren Konzentrationsabfall im Vergleich zu $R = 4$.

In Abbildung 13 ist die Abnahme der Strahlanteile in den sich
außerhalb der Symmetrieebene gebildeten Zentren aufgetragen.
Die in diesem Gebiet entstandenen relativen Maxima unterliegen
einer geringeren Abnahme als das Maximum auf der Strahlachse.
Dies führt zur Verlagerung auch der absoluten maximalen Strahlanteile in die symmetrisch zur Strahlachse gelegenen Zonen.
Dieser Effekt ist für das größere Geschwindigkeitsverhältnis
$R = 8$ ausgeprägter, was durch den auf die Lauflänge bezogenen
längeren Querwindeinfluß zu erklären ist.

3.2.2 Ergebnisse aus Fünflochsondenmessungen

Das in Kapitel 2 erläuterte Vorgehen bei Messungen mit der Fünflochsonde, nämlich die Sonde in Strömungsrichtung auszurichten,
ermöglichte aus Gründen der Sonden- und Sondenverschiebegeräts-
abmessungen eine zusammenhängende Erfassung der Meßpunkte nur
für Ebenen senkrecht zur Freistrahlaustrittsebene. Es fanden
somit Messungen in der z-y-Ebene bei $x/D = 1,4$, $2,5$, $7,5$ und 12
statt. Bei den Messungen in den beiden stromauf gelegenen Ebenen
bei $x/D = 1,4$ und $2,5$ ließen sich in einem Bereich des Leegebietes

keine Nullabgleiche vornehmen. Dieses Vorgehen, die seitlich gegenüberliegenden Bohrungen auf Druckgleichheit abzugleichen, diente der Ausrichtung der Sonde in Strömungsrichtung, womit eine der Genauigkeit der statischen Druckmessung gestellte Forderung erfüllt wird. Aus den von der so ausgerichteten Sonde erhaltenen 5 Drücken wurden die Koeffizienten k_d und k_β gebildet, mit denen wiederum über die Ermittlung von k_p und k_{pt} der statische und der Gesamtdruck errechnet werden konnten.

In Abbildung 14 sind jeweils aufgetragen für eine Symmetriehälfte der Verlauf des statischen Druckes und der Normalgeschwindigkeit in der Meßebene $x/D = 7,5$. Der statische Druck ist aufgetragen in der Form $(p_{st} - p_{atm})/q_o$ mit p_{atm} als stat. Druck und q_o als Staudruck der ungestörten Querströmung. Die Normalkomponente der Geschwindigkeit ist bezogen auf die Quergeschwindigkeit.

Man erkennt aus den Druckauftragungen, daß der statische Druck im Strahlquerschnitt geringer ist als in der ungestörten Querströmung oder als bei einem nichtabgelenkten Freistrahl. Dieser Verlauf erklärt sich analog der Druckverteilung um einen Kreiszylinder. Mit der Setzung

$$p_{st} = p_{atm} - \frac{1}{2} q_{o,n}$$

mit $q_{o,n}$ als Staudruckkomponente der Querströmung normal zur Strahlachse kann der statische Druckabfall im Querschnitt beschrieben werden. p_{st} nähert sich dem Umgebungsdruck p_{atm} für $q_{o,n} \rightarrow 0$. In den Ebenen $x/D = 1,4$ und $2,5$ werden gleichzeitig in einem Zentralbereich des Luvgebietes geringe statische Überdrücke gemessen, die aus dem Aufstaueffekt des Querwindes resultieren. Weiter stromab bei $x/D = 7,5$ ist die Umlenkung schon vollzogen und das luvseitige Überdruckgebiet abgebaut.

Bei den Geschwindigkeitsauftragungen bilden sich zwei Bereiche aus. Ein nierenförmiges Gebiet, in dem ein Geschwindigkeits-

Überschuß existiert und ein im Leebereich gelegenes Gebiet
mit Geschwindigkeiten kleiner als der Queranströmgeschwindigkeit. Während Aussagen über den Geschwindigkeitsverlauf
im Bereich der Übergeschwindigkeiten vollständig gemacht
werden konnten, ist Lage und Größenordnung der dazu leeseitig
gelegenen Geschwindigkeiten in den stromauf gelegenen Ebenen
x/D = 1,4 und 2,5 aus schon erörterten Gründen nicht zu bestimmen. Verlauf und Betrag der Normalgeschwindigkeit $u_N < u_0$
konnte in den weiter stromab gelegenen Ebenen x/D = 7,5 und 12
nachgewiesen werden, da die leeseitigen instabilen Strömungs-
zustände hier von einer gerichteten Strömungskomponente über-
lagert werden. Man sieht, daß hier das Geschwindigkeitsdefizit
gegenüber der Quergeschwindigkeit mit bis 45 % bei x/D = 7,5
bzw. 25 % bei x/D = 12 weit stärker ausgeprägt ist als der
Geschwindigkeitsüberschuß, der bei 16 % bzw. 8 % liegt.

Die Lage und Größe der Tangentialgeschwindigkeiten w_t/u_0 am
Beispiel der Meßebene x/D = 7,5 ist in Abbildung 15 aufgetragen. Dabei ist der Meßpunkt durch + bzw. x gekennzeichnet,
und von dort ausgehend der Betrag der Tangentialgeschwindigkeit in Richtung der Tangentialkomponente dargestellt. In den
mit x gekennzeichneten Punkten sind die aus der symmetrisch
zur y = 0-Ebene gelegenen jeweils anderen Halbseite projizier-
ten Werte der Tangentialgeschwindigkeit aufgetragen. In allen
Ebenen ist die Wirbelstruktur zu erkennen, die dem Freistrahl
in der Anfangsphase durch den Querwind aufgeprägt wurde. Man
sieht, daß die Wirbelzentren jeweils in den Endbereichen der
nierenförmigen Übergeschwindigkeitsgebiete u_n/u_0 liegen. In
den Ebenen x/D = 1,4 und 2,5 bilden sich zwei unterschiedlich
starke Bereiche der Geschwindigkeitsbeträge w_t/u_0 aus. Die
größeren Beträge liegen im Gebiet der Übergeschwindigkeiten
u_n/u_0 und erklären sich daraus, daß die Meßebene das Geschwin-
digkeitsfeld in einem schrägen Winkel schneidet. In den stromabwärts gelegenen Ebenen x/D = 7,5 und 12, in denen die Meßebene nahezu senkrecht zur Hauptgeschwindigkeitsrichtung liegt,
erreichen die Beträge der Tangentialkomponenten maximal 1/3
gegenüber denen der Normalkomponenten.

3.2.3 Vergleich der Ergebnisse aus Konzentrations- und Fünflochsondenmessungen

Vergleicht man die Auftragungen der Geschwindigkeitskomponenten u_n/u_o und w_t/u_o und der Konzentrationsmessungen - Abb. 15 und 16 - in den jeweiligen Meßebenen zueinander, dann lassen sich folgende Merkmale zusammenfassen:

- eine Ähnlichkeit zwischen den Geschwindigkeits- und Konzentrationsprofilen existiert nicht.
- die nierenförmigen Bereiche der Übergeschwindigkeiten u_n/u_o decken nur einen Teilbereich der mit Strahlanteilen durchsetzten Meßebene ab.
- Während in der stromauf gelegenen Meßebene $x/D = 1,4$ die Gebiete maximaler Konzentration noch in den Enden der nierenförmigen Übergeschwindigkeitsbereiche liegen, haben sich die Konzentrationsmaxima weiter stromabwärts in das Leegebiet $u_n < u_o$ verlagert.
- Die aus der Literatur bekannten Untersuchungen, in denen der Strahlbereich lediglich für das Gebiet der Übergeschwindigkeiten angenommen wurde, vernachlässigen somit einen Großteil, weiter stromab sogar den Hauptteil der Gebiete maximaler Strahlanteile.
- Die Gebiete der Konzentrationsmaxima liegen nicht deckungsgleich mit den Wirbelzentren, die aus der Auftragung w_t/u_o erhalten werden, in den Meßebenen, sondern näher zur Symmetrieebene. Dies ist durch den dreidimensionalen Strömungsvorgang zu erklären, denn luvseitig zu dem Wirbelpaar liegt das nierenförmige Gebiet mit Übergeschwindigkeiten gegenüber u_o, das die freie Rotation des Wirbelpaares und somit auch den Austauschvorgang in der beschriebenen Art beeinflußt.

Bezieht man sinnvollerweise die Gebiete, in denen Strahlanteile gemessen wurden, ein in die Strahlquerschnittsfläche, so ergeben sich folglich unterschiedliche Aussagen über den Strahlverlauf im Vergleich zu den in der Literatur getroffenen Betrachtungen. So weist zwar der Verlauf der Strahlanteile innerhalb eines

Querschnitts bei höheren Konzentrationen auch eine Nierenform auf, zum Rand hin jedoch gleichen sich die Konturen aus zu einer Kreisform. Neben der von den Übergeschwindigkeiten $u_n/u_o > 0$ eingenommenen Fläche geht ebenfalls das strahlinduzierte Leegebiet mit Geschwindigkeiten kleiner der Queranströmung in die strahlbeaufschlagte Querschnittsfläche ein. Somit kann in Erweiterung der bisher gemachten Aussagen und in Übereinstimmung mit den Konzentrationsmessungen als Strahlrand die Kontur bezeichnet werden, an der der Übergang $c \to 0$ stattfindet. Dieser Verlauf gleicht im hier untersuchten Bereich einer Kontur, die sich ergibt, wenn die absolute Geschwindigkeitsdifferenz

$$|u_N - u_o| \to 0.$$

Per Definition in den bekannten Literaturstellen galt für den Strahlrand nur das Gebiet, innerhalb dessen

$$u_N \geq u_o$$

vorlag.

In Abbildung 12 ist zu sehen der Verlauf des Geschwindigkeits- und Konzentrationsabfalls auf der Strahlachse beim Geschwindigkeitsverhältnis $R = 4$ im Vergleich zum unabgelenkten Fall. Während, wie schon erwähnt, im Fall ohne Querwind ein nahezu gleicher Abfall zu verzeichnen ist, ist für $R = 4$ ein deutlich stärkerer Geschwindigkeitsabfall ab $l/D = 4$ gemessen worden. Vergleichsdaten von Keffer und Baines [1o] für einen Bereich von $l/D = 0 \div 1o$ liefern für $l/D = 0 \div 4$ einen mit dem Konzentrationsabfall identischen Verlauf und bieten eine gute Übereinstimmung zwischen $l/D = 4 \div 1o$ mit den am hiesigen Institut gemessenen Werten.

Unter Berücksichtigung der neu gewonnenen Aussagen wurde eine Strahlzulaufmenge ermittelt. In Abbildung 17 ist im Vergleich zu Zulaufmengen beim nicht abgelenkten Strahl sowie beim abge-

lenkten unter Berücksichtigung allein des Gebietes, in dem eine
Übergeschwindigkeit gegenüber der Queranströmung herrscht, der
nach der oben erwähnten Methode ermittelte Zulauf aufgetragen.

4. Theoretische Betrachtung

4.1 Beschreibung des Modells

In dem theoretischen Modell (Abb. 2) werden für ein Volumen-
element die Erhaltungssätze für Masse und Impuls beschrieben.
Im einzelnen wird der Impulserhaltungssatz aufgeteilt in einen
Anteil entlang der Strahlachse und einen normal zur Strahlachse. Der Ursprung des Kartesischen Koordinatensystems liegt
im Mittelpunkt der Strahlaustrittsebene. Die z-Achse weist in
Richtung des austretenden Strahls, die x-Achse in Richtung der
Querströmung. Die Strahlablenkung erfolgt in der x-z-Ebene.
Als Geschwindigkeitsprofil wird ein Rechteckprofil über den
betrachteten Querschnitt angenommen. Es handelt sich um eine
inkompressible Strömung.

4.1.1 Aufstellen der Bilanzgleichungen

Kontinuität

Die Differenz zwischen den Massenströmen durch die Flächen
$A_1 = A$ und $A_2 = (A + \frac{\partial A}{\partial l} dl)$ wird aufgebracht durch den Zu-
strom durch die Mantelfläche und ist identisch der angesaugten
Freistrahlmasse $d\dot{m}_e$. Die Zuströmmasse $d\dot{m}_e$ wird bestimmt über

$$d\dot{m}_e = \rho(A + \frac{\partial A}{\partial l} dl)(v + \frac{\partial v}{\partial l} dl) - \rho A v \qquad (1)$$

Mit $$e = \frac{d\dot{m}_e}{dl} \qquad (2)$$

und mit der vereinfachten Annahme, daß die Variablen allein von der Lauflänge l abhängen, ergibt sich

$$e = \rho \left(v \frac{dA}{dl} + A \frac{dv}{dl} \right) \qquad (3)$$

oder

$$e = \rho \frac{d}{dl}(Av) \qquad (4)$$

Impulsbilanz
Die Impulsbilanz am Volumenelement gliedert man vorteilhaft auf in eine Tangential- und eine Normalkomponente zu l.

Tangentialimpuls
Die Bilanz tangential zu l liefert die Impulsströme durch die Flächen A_1 und A_2

$$-\rho A v^2 + \rho \left(A + \frac{\partial A}{\partial l} dl \right) \left(v + \frac{\partial v}{\partial l} dl \right)^2 \qquad (5)$$

sowie die l-Komponente aus der Zuströmmenge

$$d\dot{m}_e u_0 \cos\varphi \qquad (6)$$

Mit den oben eingeführten Vereinbarungen folgt mit Gleichung 4 nach Umformung für die Impulsanteile in Tangentialrichtung

$$\rho A v \frac{dv}{dl} + v e - e u_0 \cos\varphi \qquad (7)$$

Der verbleibende Druckterm der das Gleichgewicht haltenden Kräfte lautet

$$pA - (p + \frac{\partial p}{\partial l} dl)(A + \frac{\partial A}{\partial l} dl) + \frac{\partial A}{\partial l} dl(p + \frac{1}{2} \frac{\partial p}{\partial l} dl) \qquad (8)$$

und nach Umformung

$$- A \frac{dp}{dl} dl \qquad (9)$$

Somit ergibt sich mit Gleichung 7 und 9 die Bilanz in Tangentialrichtung pro Längeneinheit dl zu

$$\rho A v \frac{dv}{dl} + v e - e u_o \cos \varphi = - A \frac{dp}{dl} \qquad (10)$$

Normalimpuls

Da die Flächen A_1 und A_2 in der Normalebene liegen und somit keinen Impulsanteil liefern, wird ein Impulsanteil lediglich über die Zuströmmasse $d\dot{m}_e$ aufgebracht

$$d\dot{m}_e u_o \sin\varphi \qquad (11)$$

Der Druck- und Reibungsterm wird hier zusammen als Widerstandskraft normal zu l angenommen und lautet

$$c_w q_o \sin^2\varphi \; b \, dl$$

mit b als örtlicher Strahlbreite in m-Richtung, c_w als - in Anlehnung zu einem festen Zylinder-Widerstandsbeiwert und $q_o \sin^2\varphi$ als Staudruckkomponente normal zu l.

Für die Berechnung der Massekraft wird wegen der vorausgesetzten Inkompressibilität nur der Anteil der Zentrifugalkraft berücksichtigt. Aus der Normalbeschleunigung $a_n = v^2/r$ und der Volumenmasse $\rho A dl$ ergibt sich die Zentrifugalkraft

$$\rho \frac{A v^2}{r} dl \qquad (12)$$

mit r als Krümmungsradius einer Kurve in einer Ebene.
Für die Krümmung K der Bahnkurve gilt

$$K = \frac{1}{r} = -\frac{d\varphi}{dl} \qquad (13)$$

Mit den Gleichungen 1o, 11 und 12 ergibt sich die Bilanz in Normalrichtung pro Längeneinheit dl zu

$$e\, u_o \sin\varphi = c_w q_o \sin^2\varphi\, b - \rho A \frac{v^2}{r} \qquad (14)$$

4.1.2 Aufstellen der Differentialgleichungen

Aus den Beziehungen der Kontinuität, des Tangential- sowie des Normalimpulses lassen sich die abhängigen Variablen φ als Ablenkwinkel, v als mittlere Geschwindigkeit und A als Querschnittsfläche als Funktion der Strahllänge darstellen.

Der Strahlverlauf wird über die trigonometrischen Beziehungen

$$\frac{dz}{dl} = \sin\varphi \qquad (15)$$

und
$$\frac{dx}{dl} = \cos\varphi \qquad (16)$$

beschrieben.

Aus Gleichung 13 und 14 folgt

$$\frac{d\varphi}{dl} = \frac{\sin\varphi}{\rho A v^2} (c_w q_0 \sin\varphi \cdot b + e u_0) \qquad (17)$$

aus Gleichung 12:

$$\frac{dv}{dl} = \frac{1}{\rho A v} (-ve + e u_0 \cos\varphi - A \frac{dp}{dl}) \qquad (18)$$

und aus Gleichung 3

$$\frac{dA}{dl} = \frac{1}{v} (\frac{e}{\rho} - A \frac{dv}{dl}) \qquad (19)$$

Die in den Gleichungen noch unbestimmten Variablen e, c_w, b und p sind einesteils in Funktion zu setzen zu einer der abhängigen Variablen oder als unabhängige Konstante zu setzen.

Für die Strahlbreite b gilt

$$b = 2 \text{ m}$$

und bei angenommenem Kreisquerschnitt mit

$$A = \pi \text{ m}^2 \qquad (20)$$

$$b = 2\sqrt{A/\pi}$$

oder entsprechend bei elliptischem Querschnitt mit dem
Verhältnis der Halbachsen m/u = ve

$$b = 2\sqrt{ve \cdot A/\pi} \qquad (21)$$

Für den Widerstandsbeiwert c_w wurde analog zu einem festen
Kreiszylinder gesetzt

$$c_w = 1{,}15$$

Analog der Druckverteilung um einen Kreiszylinder wurde,
vergl. Kapitel 3.2.2, die Beziehung

$$p_{st} = p_{atm} - \frac{1}{2} q_{o,n} \qquad (22)$$

übernommen mit $q_{o,n}$ als Staudruckkomponente der Querströmung normal zur Strahlachse.

Mit $q_{o,n} = q_o \sin^2 \varphi$ ergibt sich für den in Gleichung 18 gesuchten Term

$$\frac{dp}{dl} = - q_o \sin\varphi \cos\varphi \frac{d\varphi}{dl} \qquad (23)$$

Zur Bestimmung von e, der Massenzunahme pro Längeneinheit,
wird ausgegangen von dem bekannten Verhalten beim nichtabgelenkten Freistrahl. Ein Vergleich mit Abbildung 7
zeigt, daß nach einer kurzen Anlaufzeit von etwa 3 Düsendurchmessern für e ein konstanter Wert erreicht wird.

In diesem Anteil wird ein in Abhängigkeit zum Ablenkwinkel φ stehender Term gesetzt, der der intensiveren Masseansaugung eines Freistrahls in einer Querströmung Rechnung trägt, also

$$e = e_{u_o=0} + e(\varphi) \qquad (24)$$

Nach dem Dimensionslosmachen der obigen Gleichungen mit den entsprechenden bekannten Größen am Düsenaustritt lassen sich mittels eines Lösungsverfahrens für Differentialgleichungen 1. Ordnung die Verläufe von x, z, v und A in Abhängigkeit von l ermitteln.

4.2 Diskussion der Ergebnisse

Bei Annahme eines kreisrunden Strahlquerschnitts und mit der Analogie zu einem festen Kreiszylinder konnten die Größen der Strahlbreite, des Widerstandsbeiwertes und des Druckfeldes beschrieben werden. Somit konnte die Anpassung an die experimentellen Ergebnisse allein über die Bestimmung der Massenzunahme pro Längeneinheit, e, erfolgen. Nach Gleichung 24 ließ sich e aufteilen in einen Term, der der Strahlausgang ohne Querwind entspricht und einen zweiten, der über den lokalen Anströmwinkel zur Querströmung φ den Querwindanteil berücksichtigt. Aus den hier durchgeführten Experimenten am unabgelenkten Strahl konnte, vergl. Abbildung 7, der erste Term bestimmt werden. Mit der empirischen Beziehung

$$e = e_{u_o=0} (1 + \varepsilon \sin\varphi)$$

konnte eine Anpassung an die experimentellen Ergebnisse erreicht werden, wobei ε in Abhängigkeit vom Geschwindigkeitsverhältnis zu bestimmen war. In Abbildung 18 ist der berechnete Verlauf der Strahlmittellinie für das Geschwindigkeitsverhältnis R = 4 aufgetragen. Man erkennt eine volle Übereinstimmung zwischen berechnetem und experimentell gefundenem Verlauf. Bei Nichtberücksichtigung des Druckterms in Gleichung 1o für den Tangentialimpuls ergibt sich der in der Abbildung gestrichelt gezeichnete Verlauf. Abbildung 19 zeigt den entsprechenden Abfall der gemittelten Geschwindigkeit und die Flächenzunahme über die Lauflänge l/D. Man sieht, daß bei den Geschwindigkeitsauftragungen ebenfalls eine Übereinstimmung zwischen Experiment und Berechnung besteht, wenn ein Druckgradient mitberücksichtigt wird. Es fällt auf, daß bereits nach einer Lauflänge von 2 Düsendurchmessern die mittlere Geschwindigkeit auf die Hälfte des Anfangswertes abgefallen ist. Bei $l/D = 15$ liegt die mittlere Geschwindigkeit nur noch um 0,5 m/s über der Queranströmgeschwindigkeit. Die berechnete Flächenzunahme erreicht nicht die Größe der experimentell ermittelten c = 0 %-Flächen, sondern liegt bei Werten, die für c = 2 % ermittelt wurden. Diese Unterschiede lassen sich erklären mit der Wahl eines Rechteckgeschwindigkeitsprofils, durch das der kontinuierliche Übergang zwischen Strahl und Umgebung nicht berücksichtigt wird. Der Verlauf der Flächenzunahme über die Lauflänge steigt zwischen $l/D \simeq 2$ und $l/D \simeq 7$ linear an und zeigt für $l/D \geq 7$ ein leicht degressives Verhalten. Dieser Verlauf erklärt sich aus der Winkellage zwischen Freistrahl und Querwind. Bei $l/D = 7$ beträgt der Winkel zwischen Strahl und Querströmung nur noch 20°, und somit wird der Querwindeinfluß durch den Effekt einer äußeren gleichgerichteten Umströmung ersetzt.

5. Schlußfolgerungen

Die hier vorgenommenen Untersuchungen, speziell die Darlegungen der Verläufe der Strahlanteile in einem abgelenkten Freistrahl, geben zusätzliche neue Informationen über derartige Mischungsvorgänge. Während in der bisher veröffentlichten Literatur lediglich der Bereich des abgelenkten Strahls untersucht wurde, in dem Übergeschwindigkeit gegenüber der Queranströmung herrschte, geben die hier durchgeführten Messungen Auskunft über qualitative und quantitative Verlagerungen des Strahlvolumens.

Die Strahlrandvereinbarungen, die ausgehend vom unabgelenkten Fall getroffen wurden, können basierend auf den Konzentrationsmessungen exakter und der Realität entsprechend gesetzt werden. Bei den gemachten Untersuchungen konnten lediglich über eine längere Zeit gemittelte Werte aufgenommen werden. Zum vollständigen Analysieren der Mischungsvorgänge ist es jedoch notwendig, auch die Schwankungsgrößen sowohl der Geschwindigkeiten und Drücke als auch der Konzentrationen zu bestimmen.

Die für die meisten Anwendungsprobleme notwendige Kenntnis über Strahlausbreitung sowie Intensitätsgradienten, Geschwindigkeits- und Druckverhalten konnte geliefert werden.

6. Literaturverzeichnis

[1] SEIBOLD, W.   Untersuchungen über die von Hubstrahlen an Senkrechtstartern erzeugten Sekundärkräfte,
WGLR-Jahrbuch 1962.

[2] ABRAMOVICH, G. N.   The Theory of Turbulent Jets.
Massachusetts Institute of Technology, Cambridge, 1963.

[3] TOLLMIEN, W.   Berechnung turbulenter Ausbreitungsvorgänge.
Zeitschrift für Angewandte Mathematik und Mechanik 6, 1926.

[4] RICOU, F. P.
SPALDING, D. B.   Measurements of entrainment by axisymmetrical turbulent jets.
J. of Fluid Mech., 1961.

[5] HILL, B. Y.   Measurements of local entrainment rate in the initial region of axisymmetric turbulent air jets.
J. of Fluid Mech., 1972.

[6] SCHMITT, H.   Umlenkung eines runden turbulenten Freistrahls durch den Querwind.
DFVLR - AVA IB 061-72 A 24.

[7] WOOLER, P. T.
BURGHART, G. H.
GALLAGHER, J. T.   Pressure Distribution on a Rectangular Wing with a Jet Exhausting Normally into an Airstream.
J. Aircraft, Vol. 4, Nr. 6, 1967.

[8] YEH, B. T.   Berechnung des strahlinduzierten Druckfeldes an einer ebenen Platte.
DLR - FB 73-o2.

[9] NASA TN D 4919 The path of a jet directed at large angles to a subsonic free Stream.

[10] KEFFER, J. F. The round turbulent jet in a cross-wind.
BAINES, W. D. J. of Fluid Mech., Vol. 15, 1963.

[11] BECKER, M. Untersuchungen an einem senkrecht zu einer Strömung eingeblasenen rotationssym. Freistrahl.
Dissertation, TH Aachen, 1972.

[12] NASA SP 218 Analysis of a Jet in a subsonic crosswind.

[13] CAMPBELL, J. F. Analysis of the injection of a heated turbulent jet in a crossflow.
SCHETZ, J. A.
NASA TR R-413, 1973.

[14] KAMOTANI, Y. Experiments on a turbulent Jet in a crossflow.
GREBER, I.
Case Western Reserve University Cleveland, Ohio.

[15] RUDEN, P. Turbulente Ausbreitungsvorgänge im Freistrahl.
Die Naturwissenschaften 21, 1933.

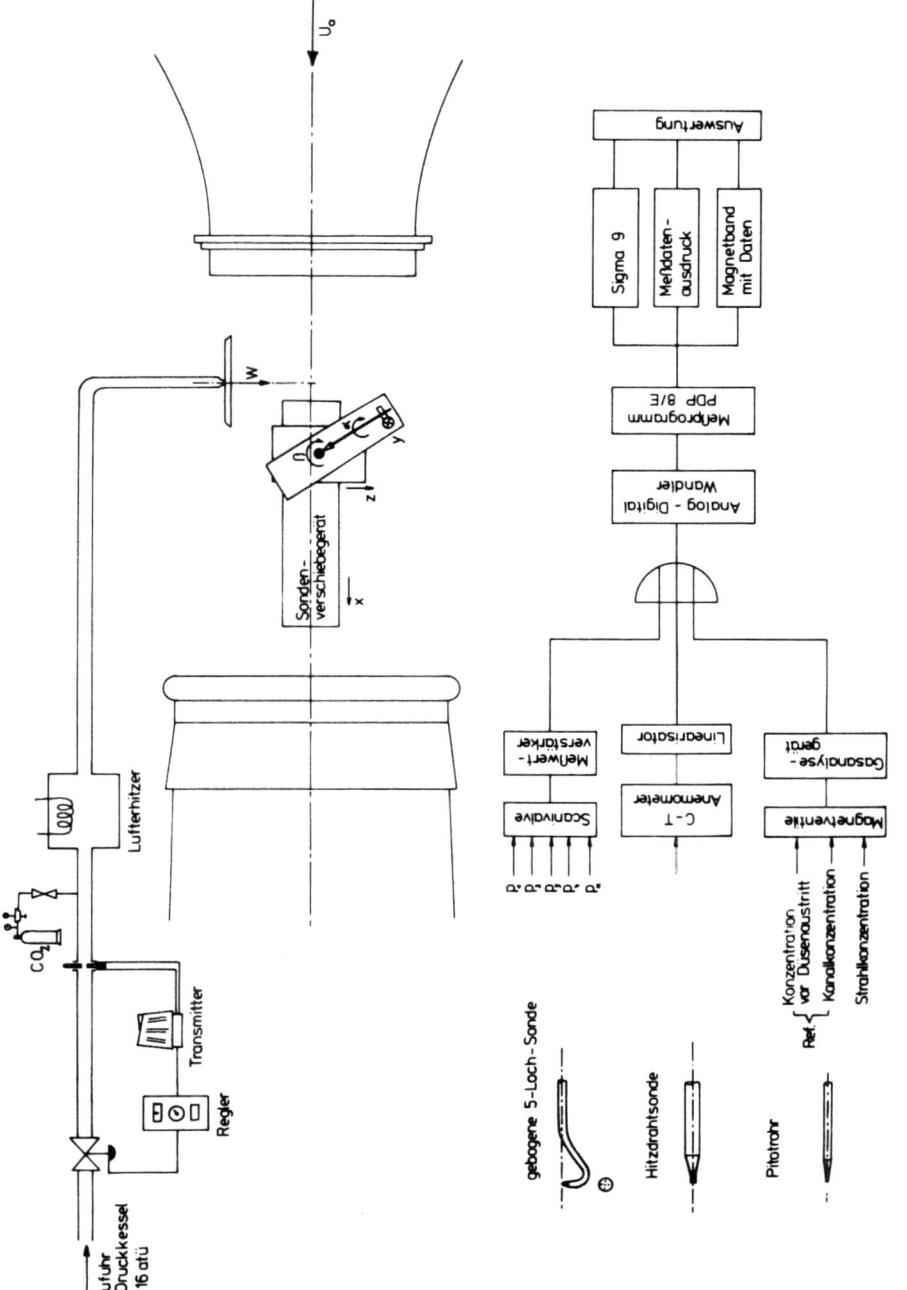

Abb. 1 Versuchsaufbau, -anordnung (schematisch)

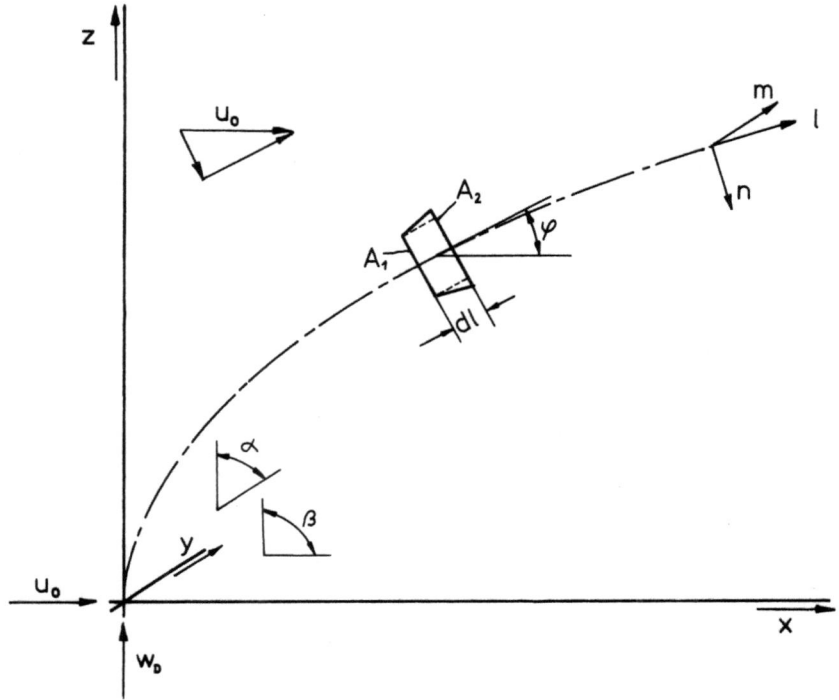

Abb. 2   Koordinatensystem

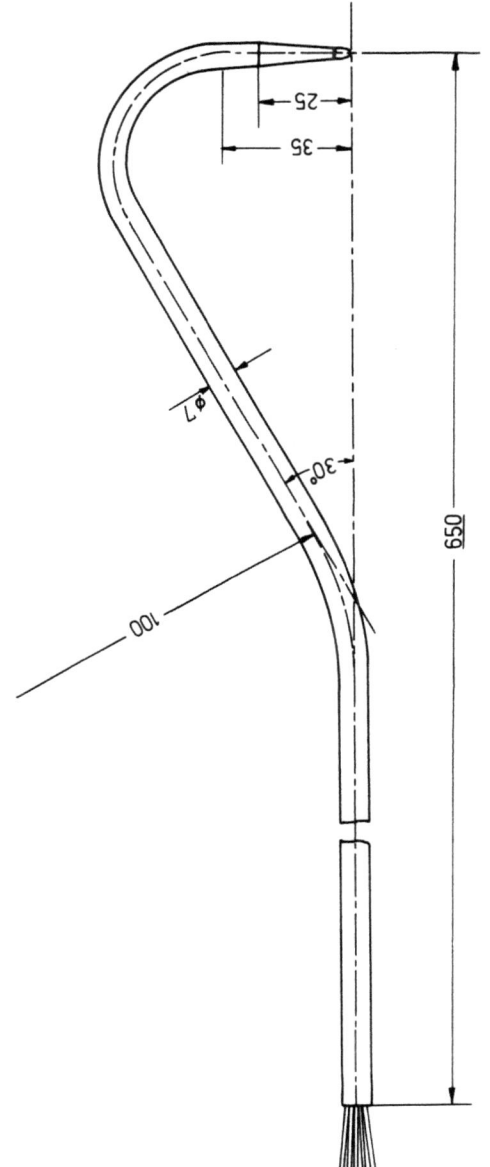

Abb. 3   Fünflochsonde

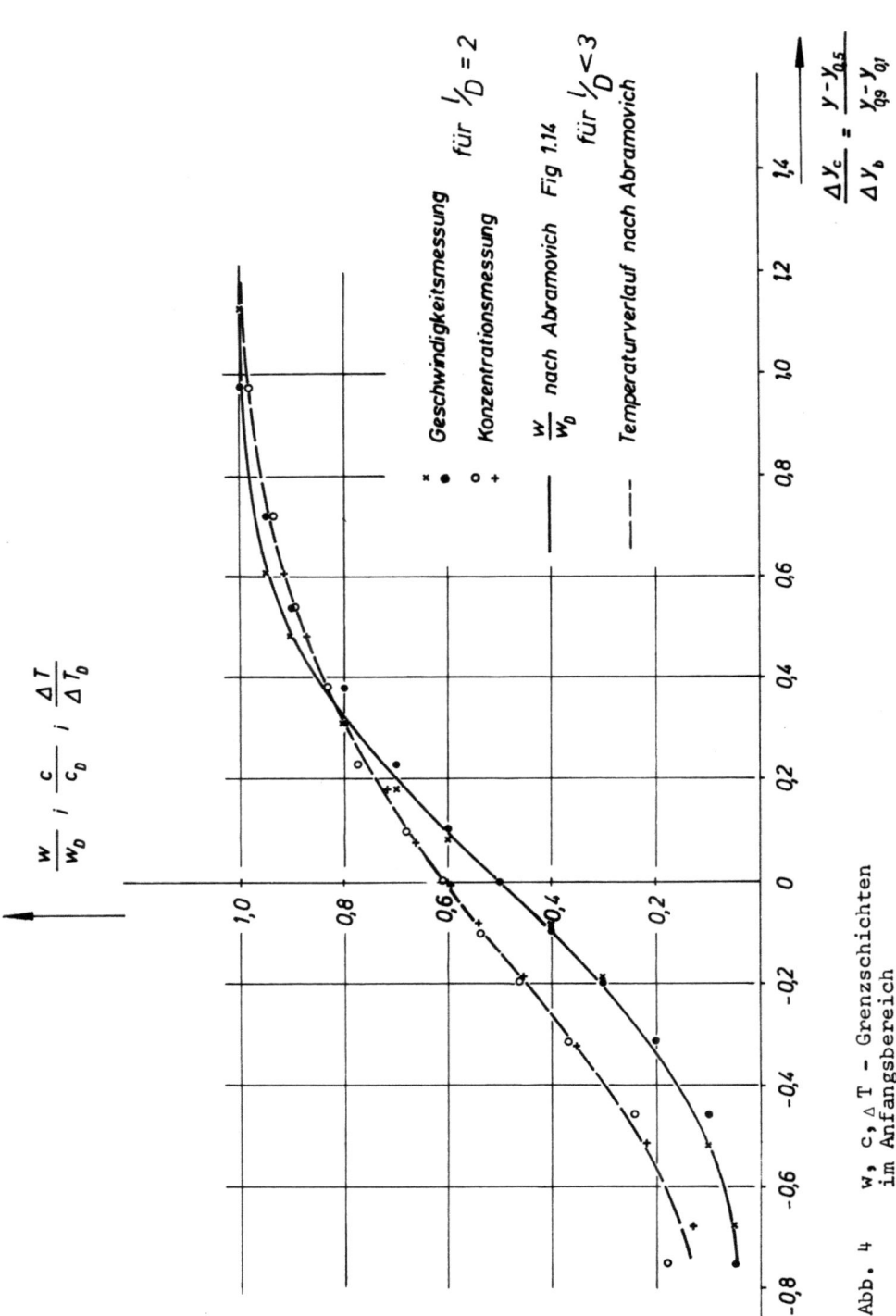

Abb. 4 w, c, ΔT - Grenzschichten im Anfangsbereich

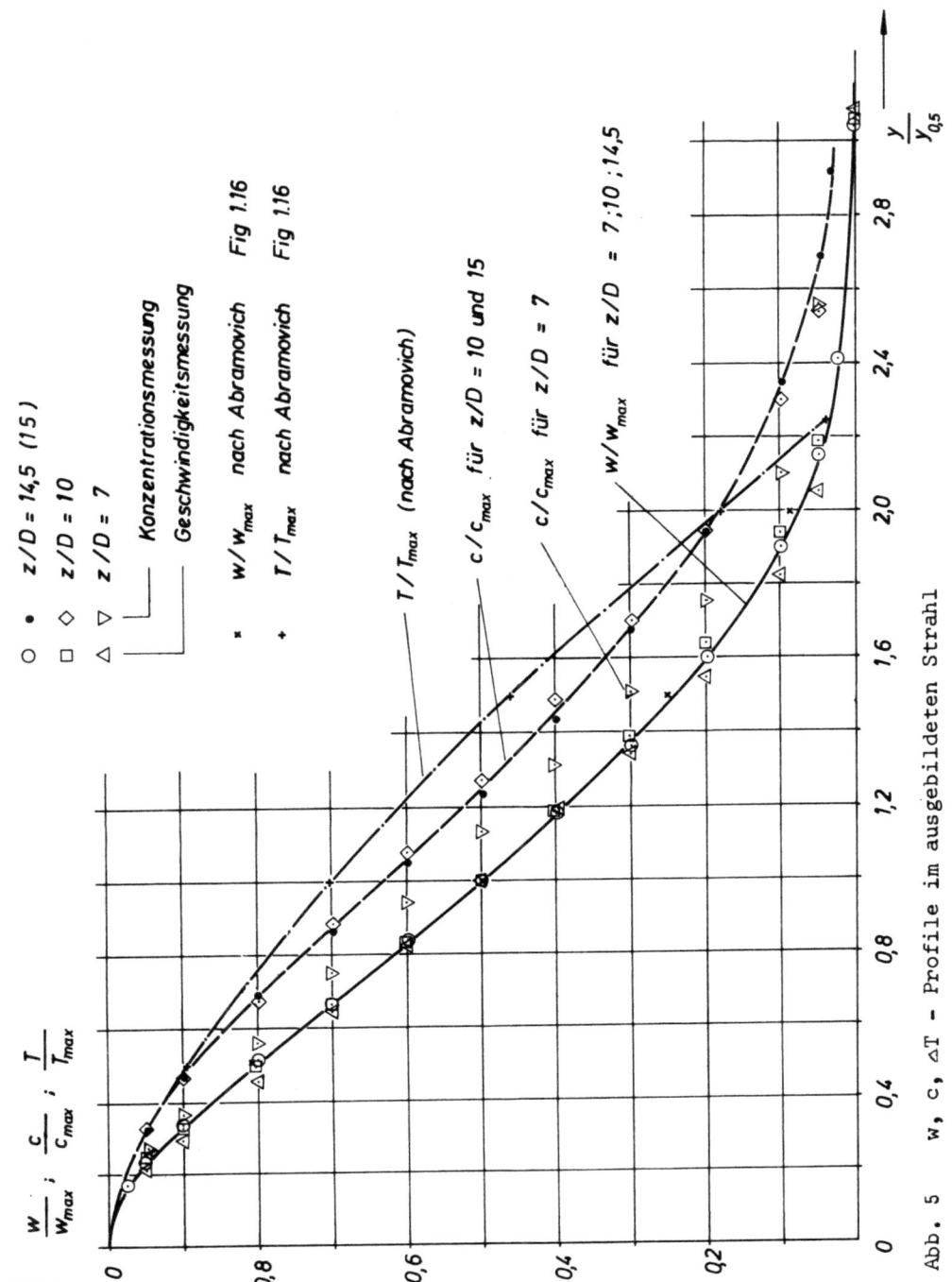

Abb. 5   w, c, ΔT - Profile im ausgebildeten Strahl

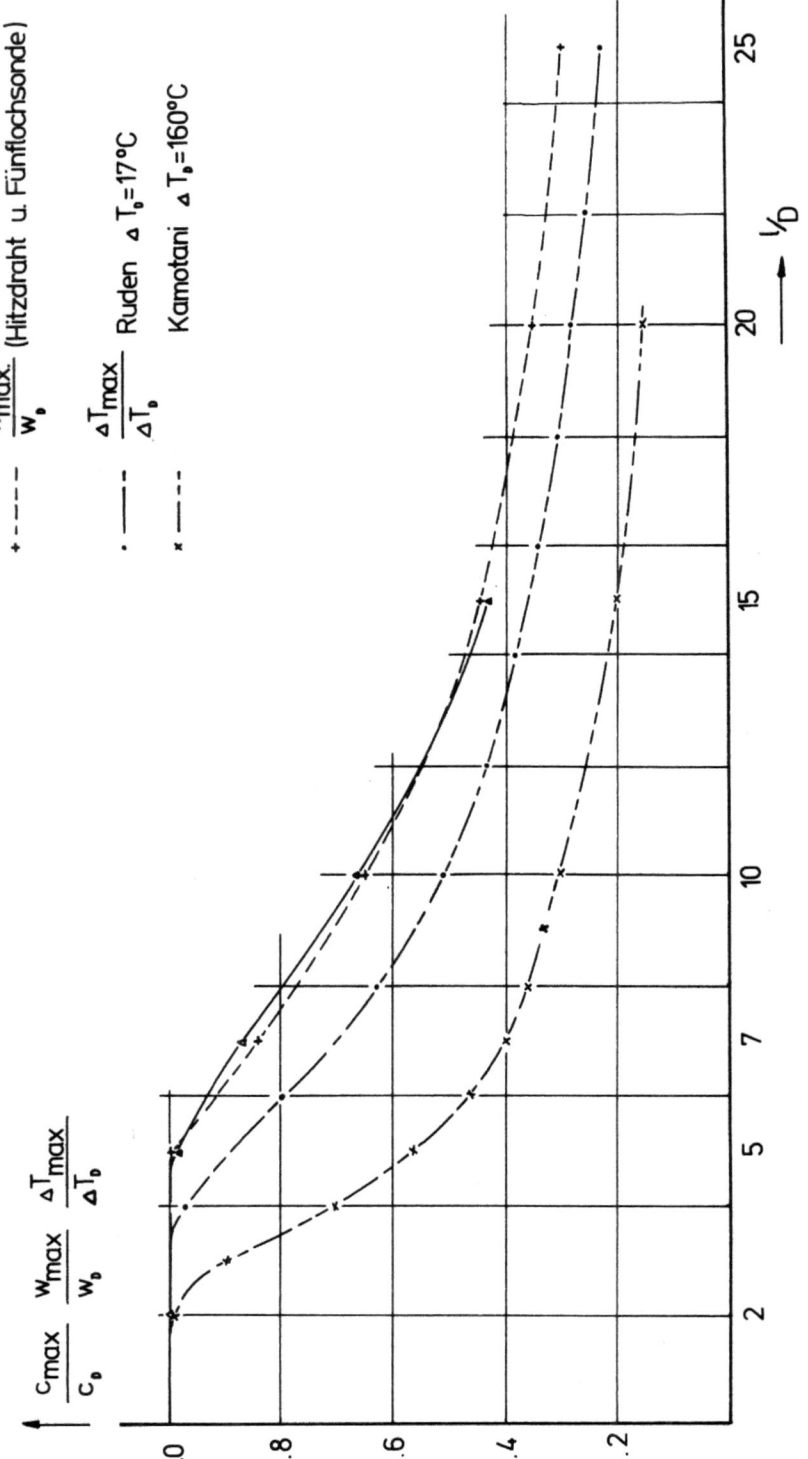

Abb. 6 w, c, ΔT - Abfall entlang der Strahlachse

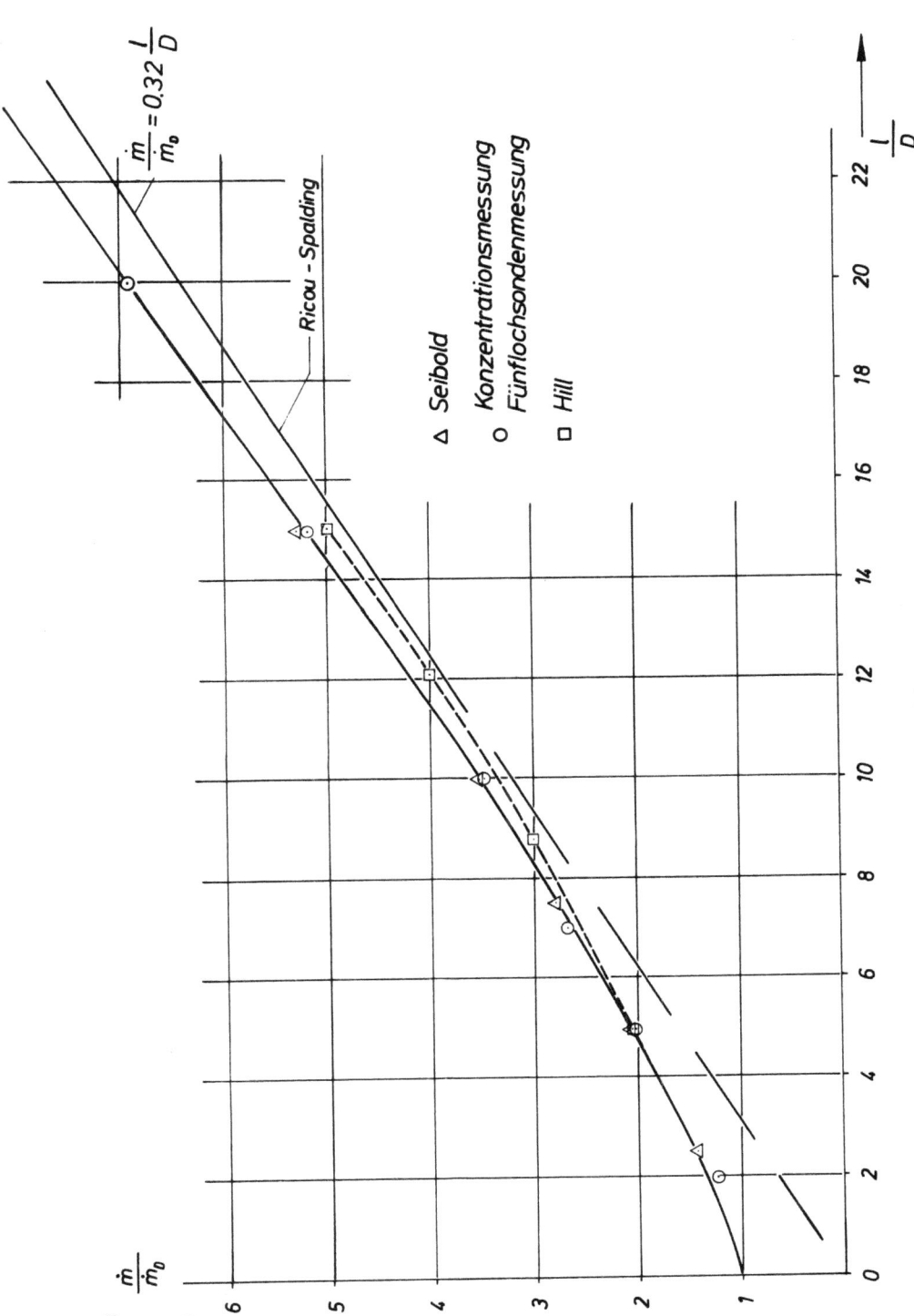

Abb. 7 Massenzunahme beim unabgelenkten Strahl

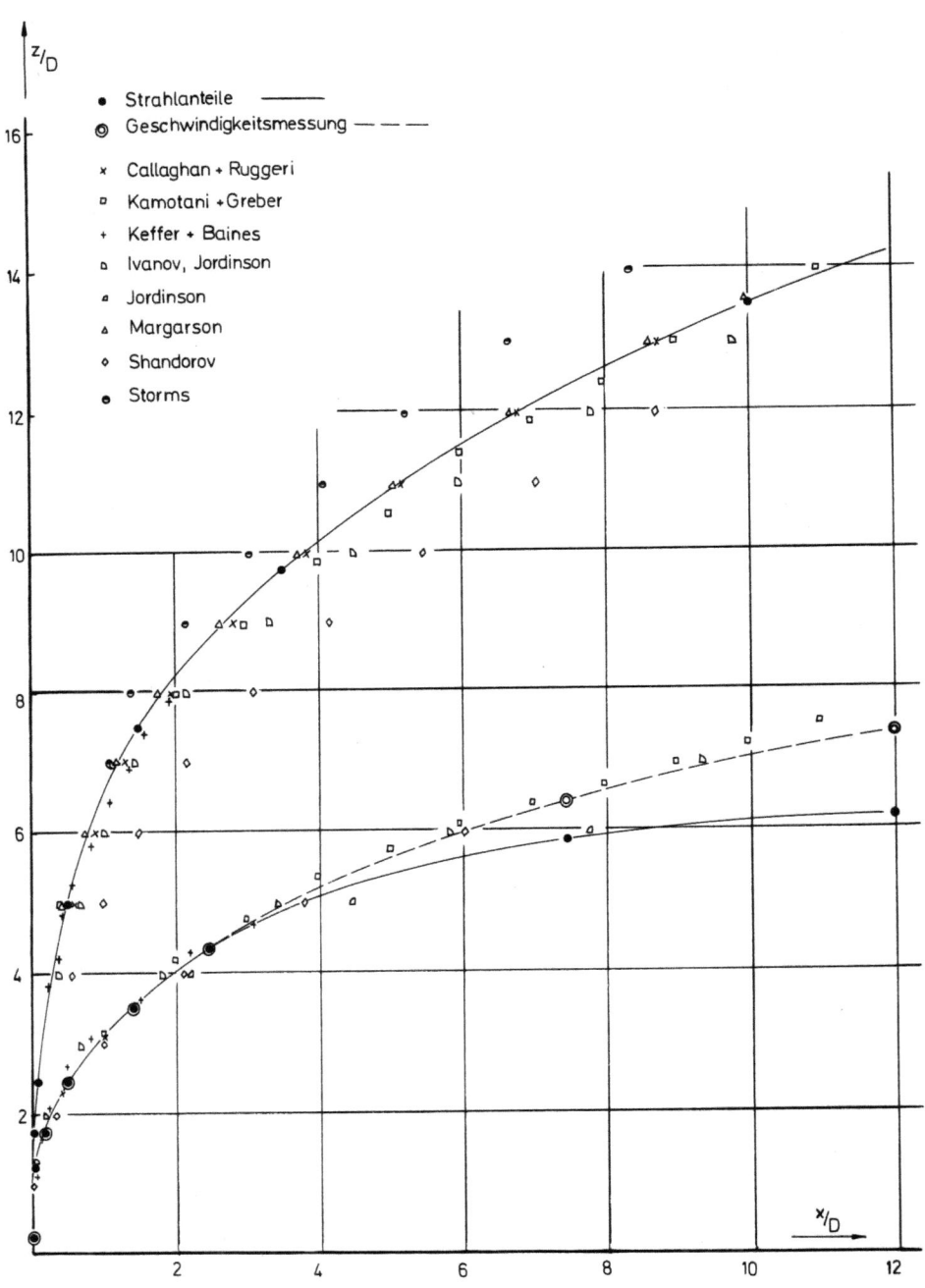

Abb. 8   Strahlverläufe bei R = 4 und 8
        im Vergleich mit Literatur

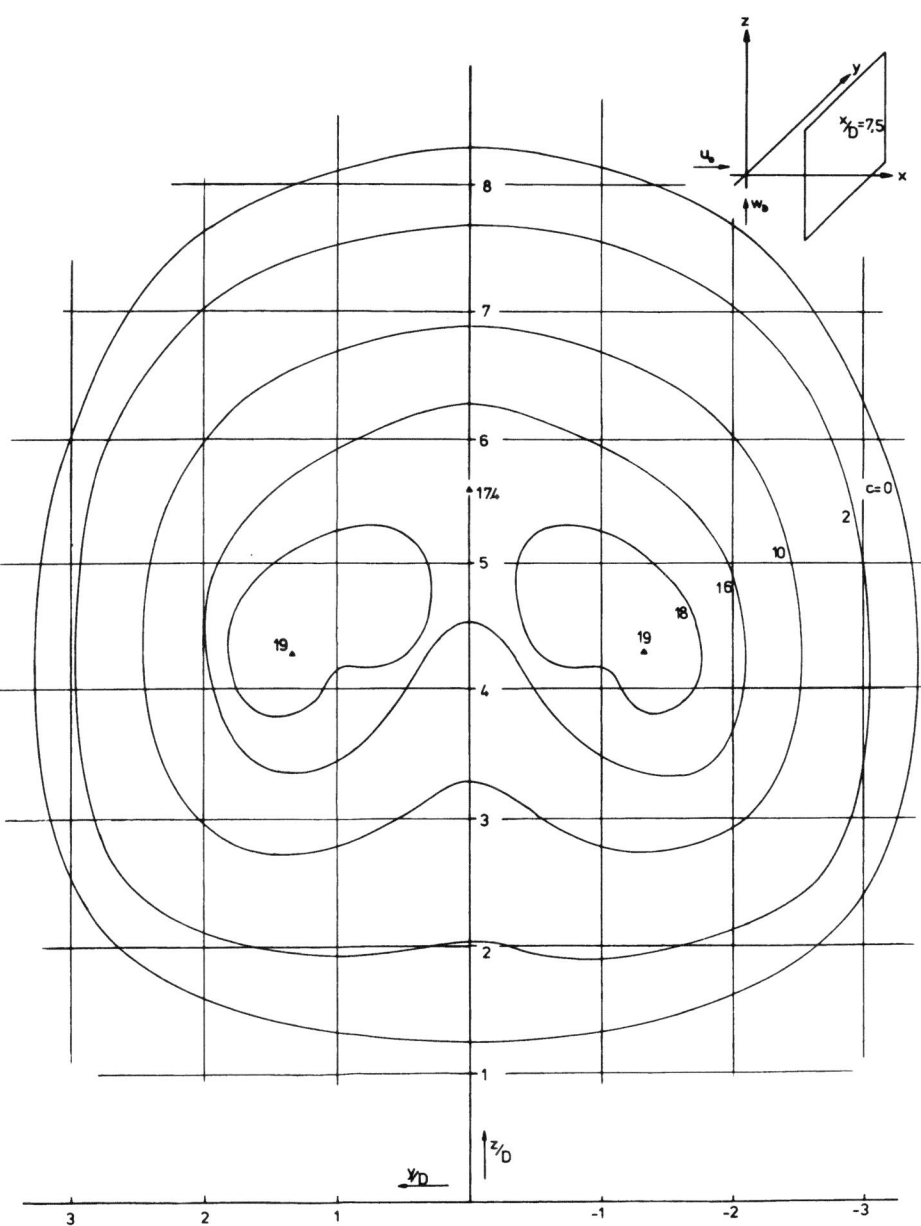

Abb. 9   Linien gleicher Strahlanteile
         bei R = 4   x/D = 7,5

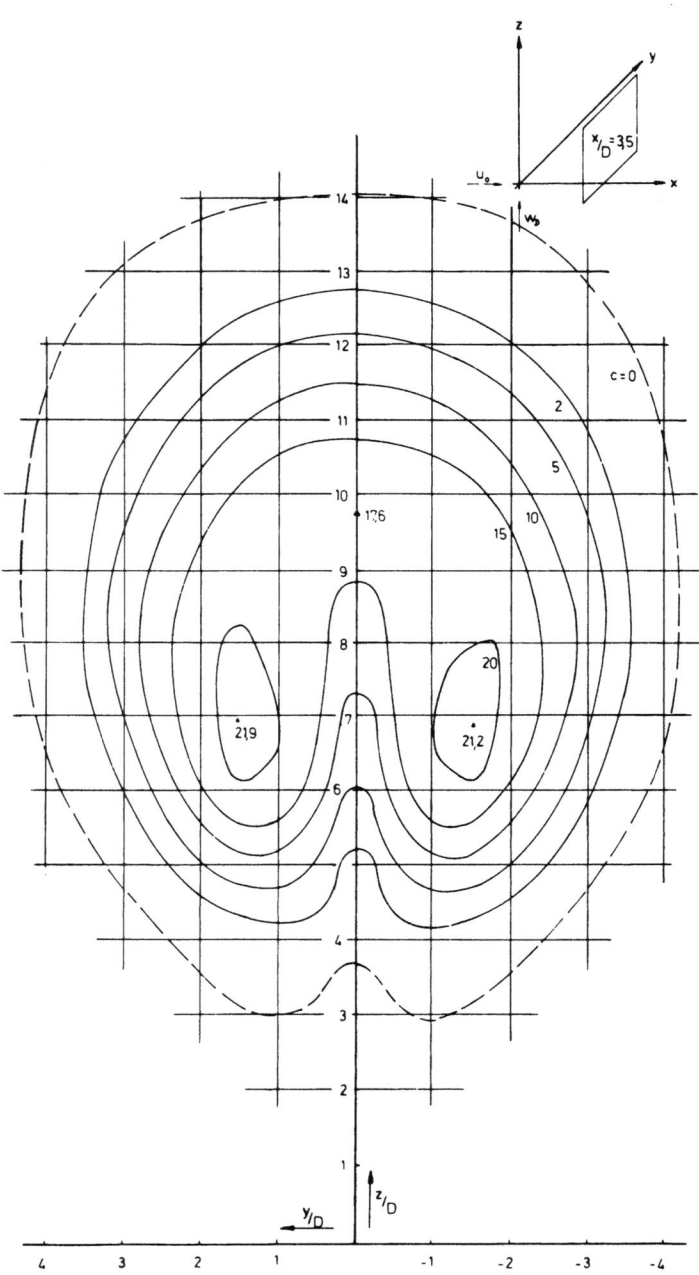

Abb. 1o Linien gleicher Stranlanteile
bei R = 8 x/D = 3,5

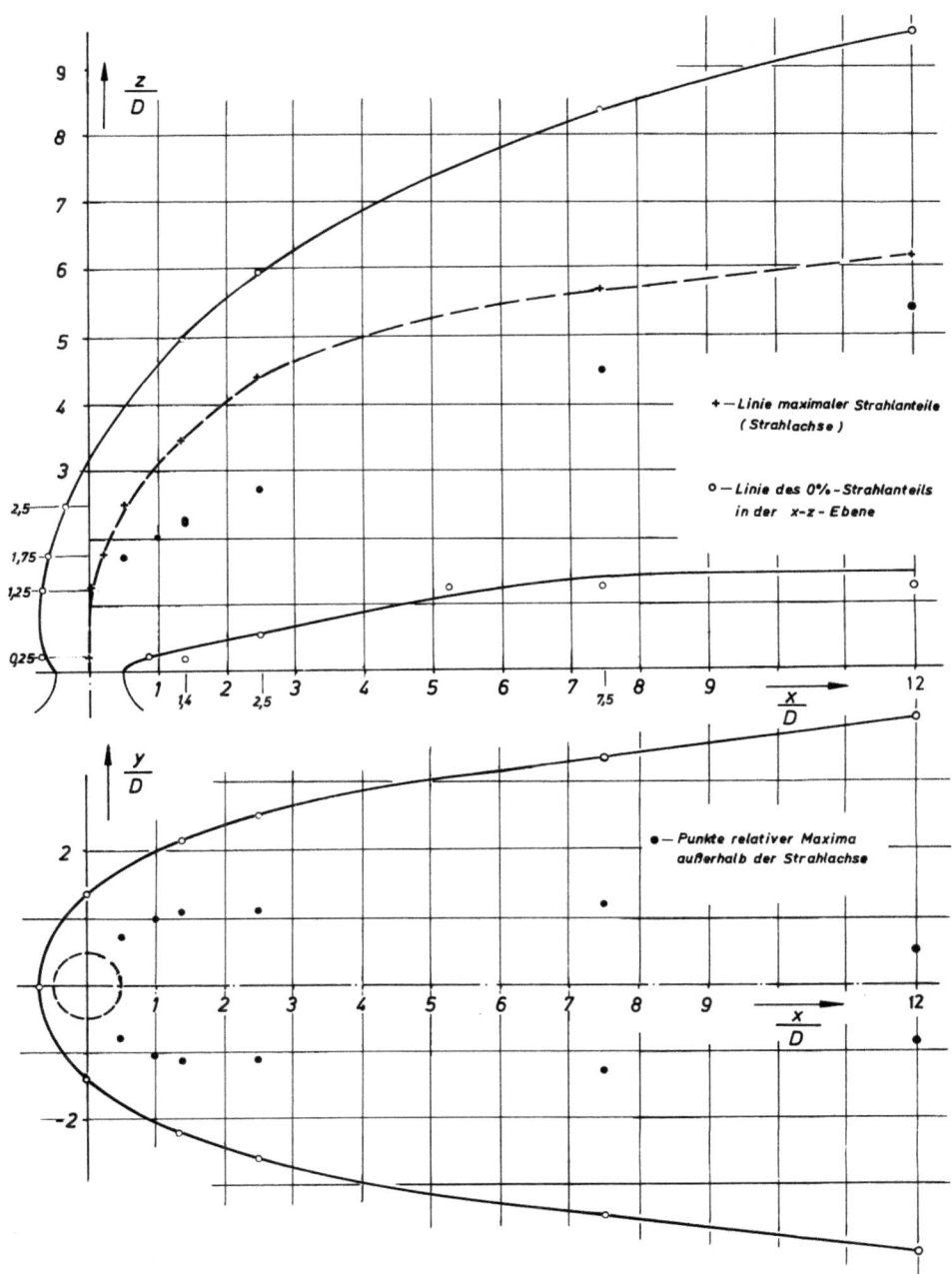

Abb. 11 Ausbreitung des abgelenkten Strahls
für R = 4

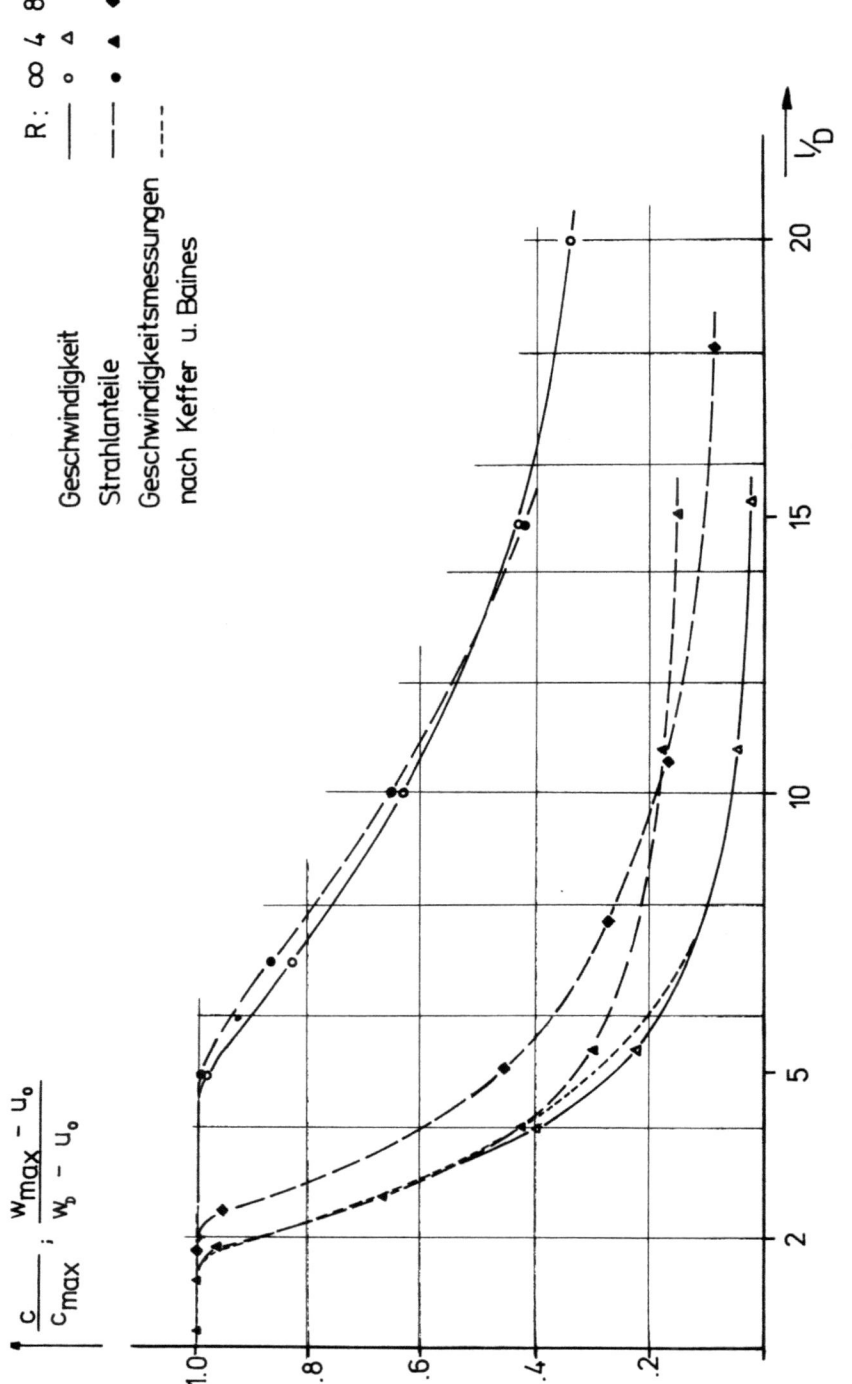

Abb. 12 Geschwindigkeits- und Konzentrationsabfall entlang der Strahlachse

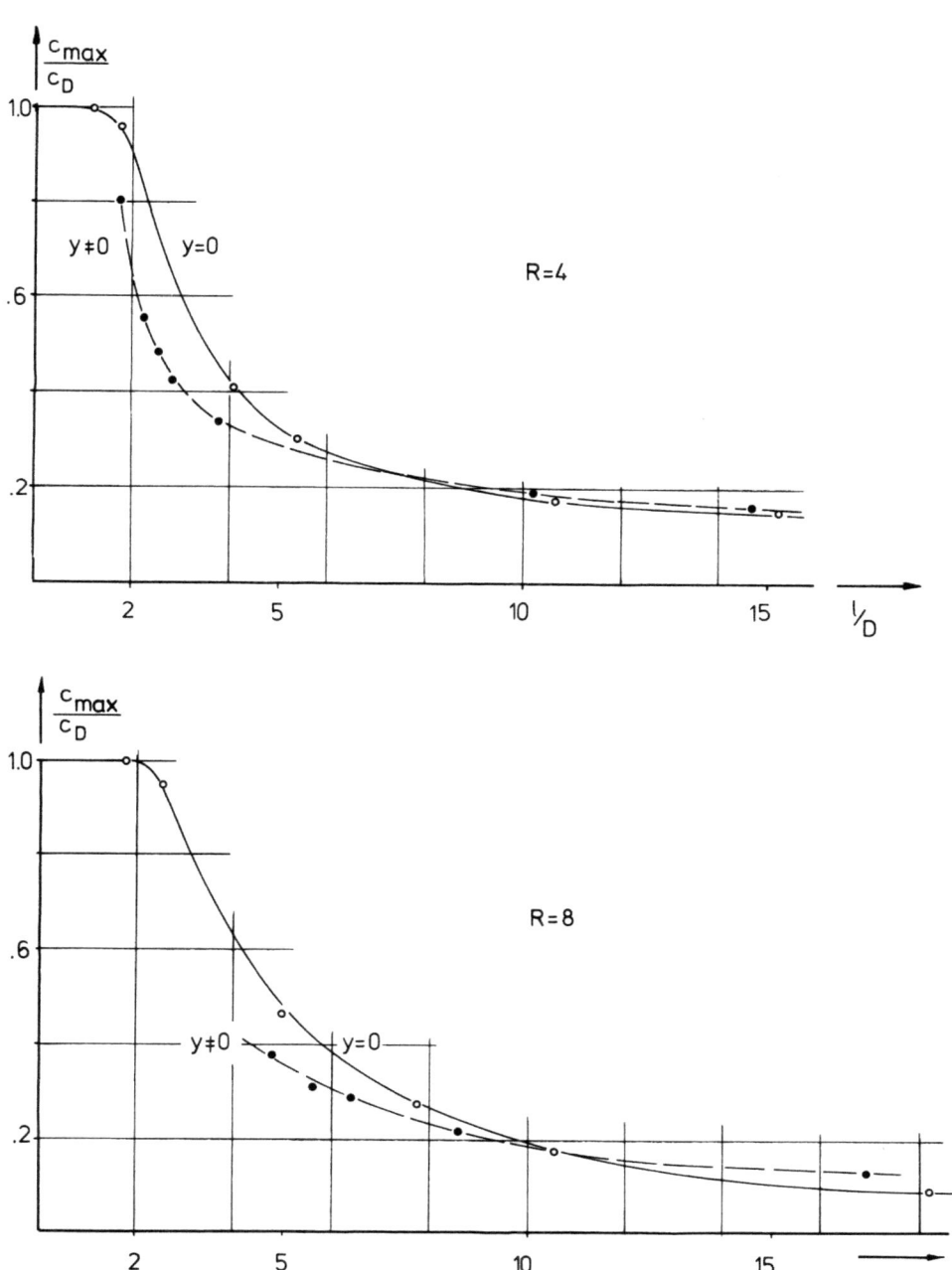

Abb. 13　Verlauf der maximalen Strahlanteile in der Symmetrieebene und in den Wirbelzentren

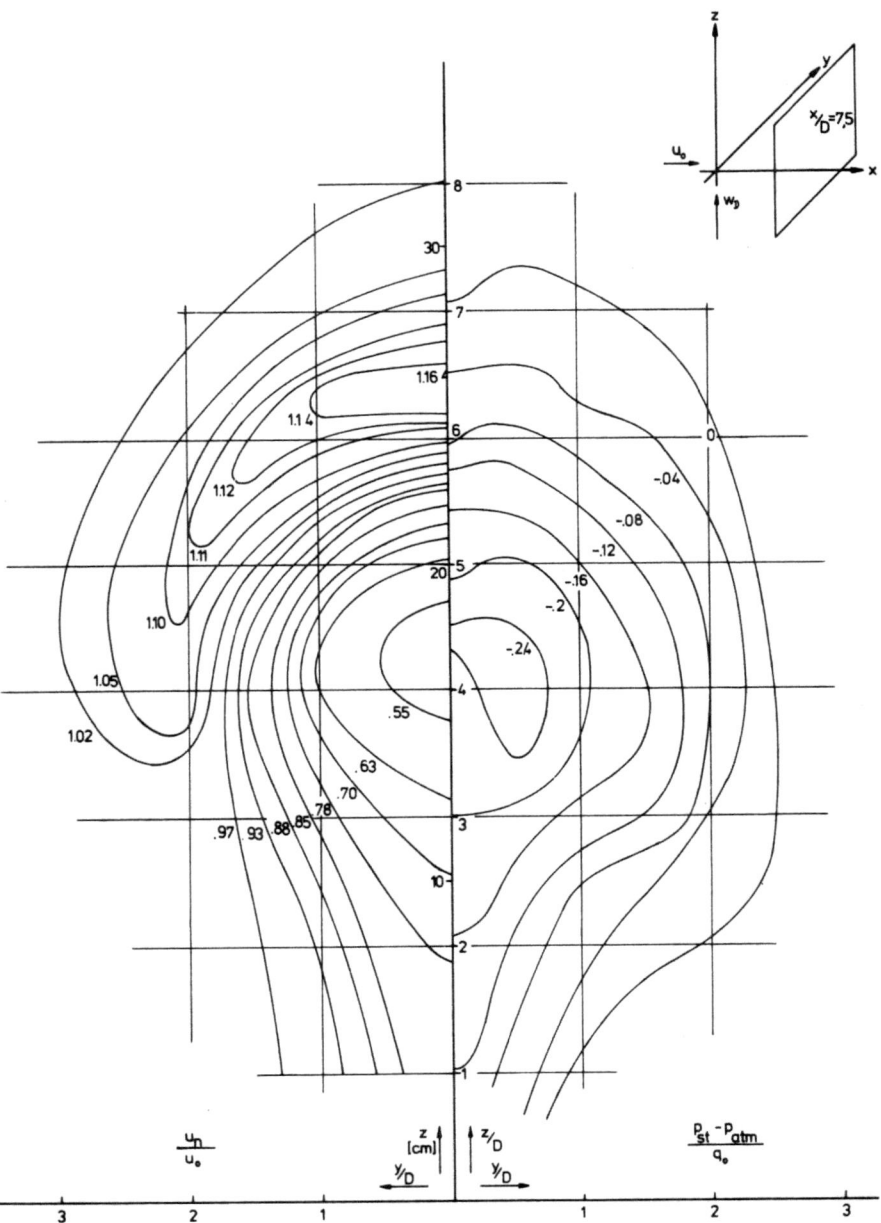

Abb. 14 Linien gleicher Geschwindigkeitsanteile u_n/u_o und statischen Druckes bei $R = 4$ und $x/D = 7,5$

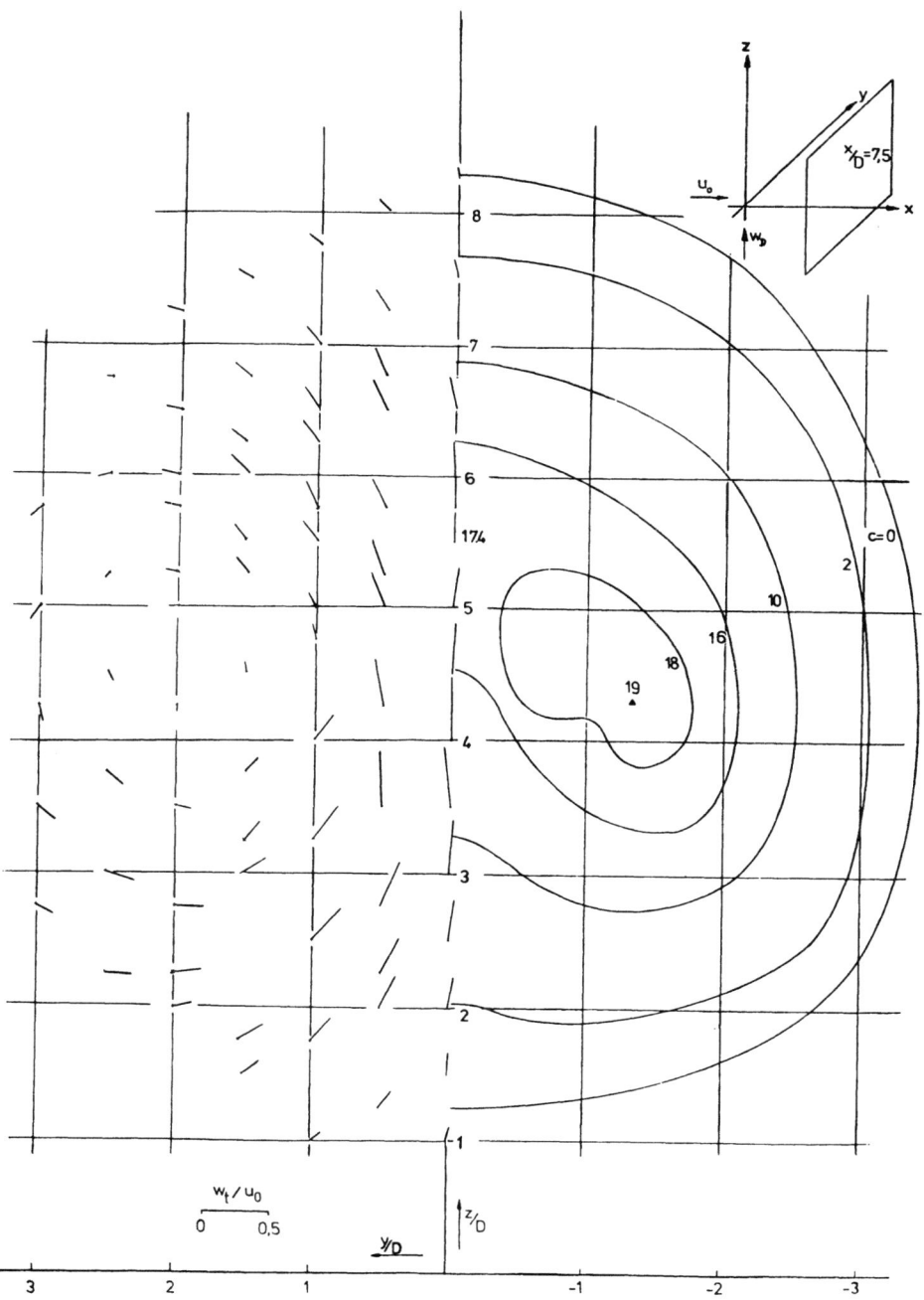

Abb. 15 Verlauf der Tangentialkomponente w_T/u_o bei R = 4 und x/D = 7,5 im Vergleich zur Konzentrationsauftragung

- 46 -

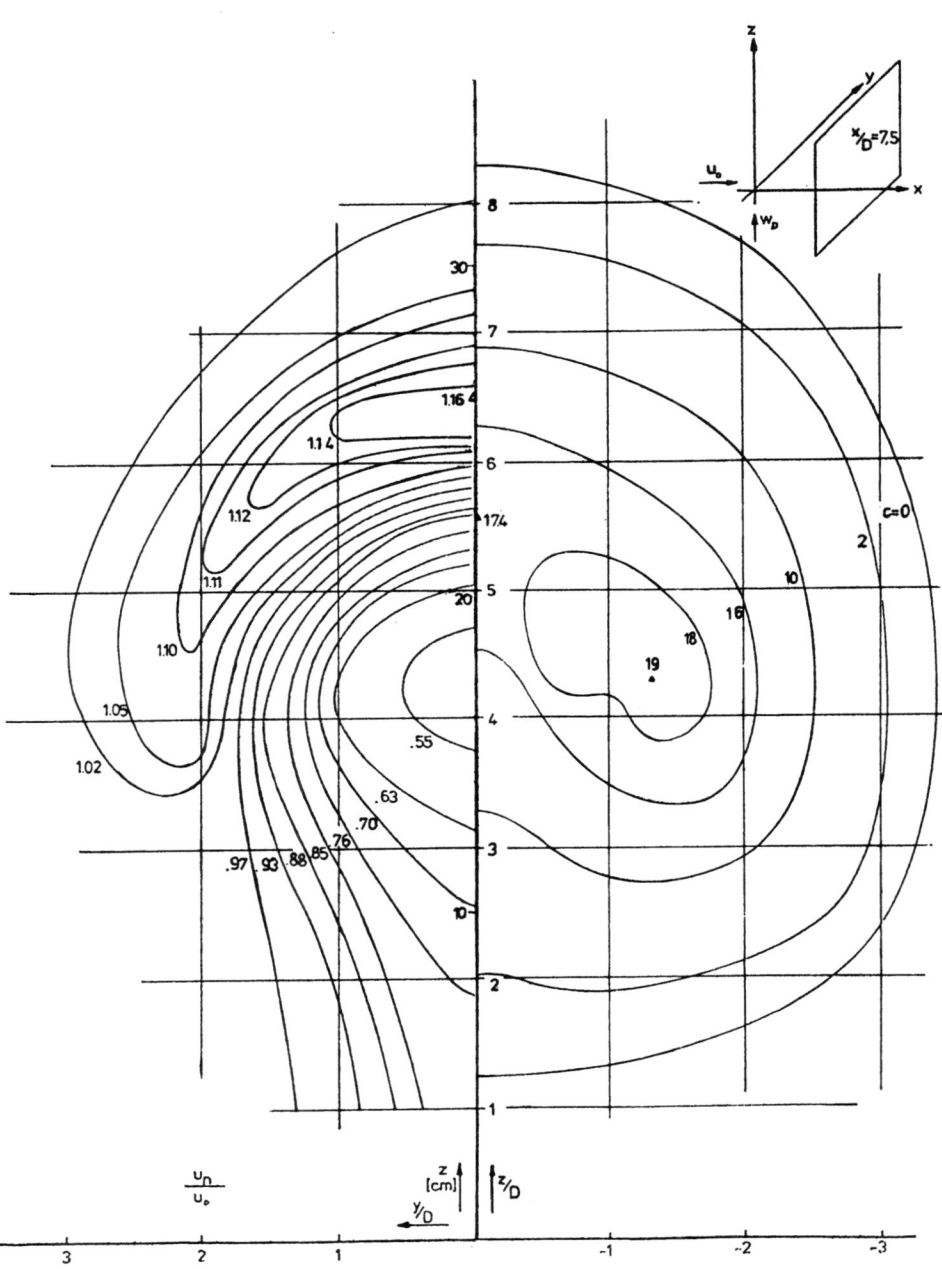

Abb. 16 Gegenüberstellung der u_n/u_o-Verteilung zur c-Verteilung

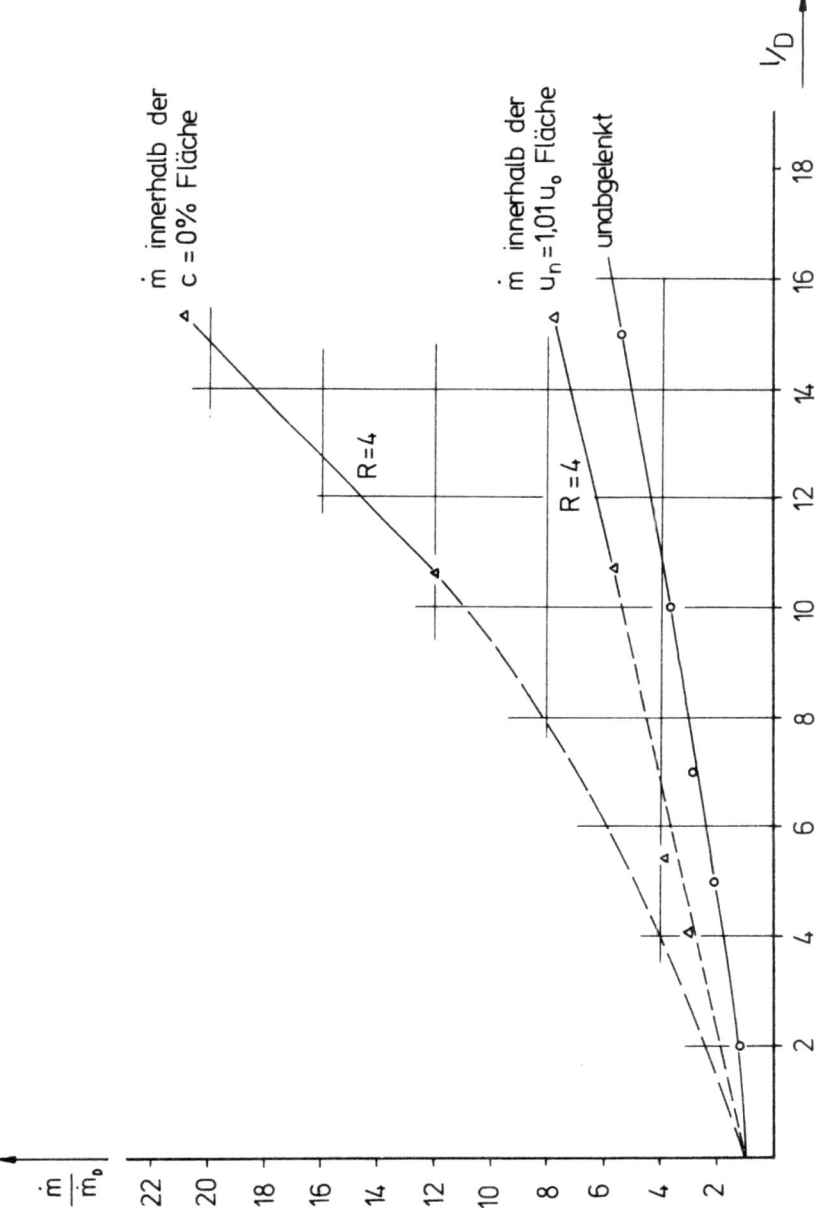

Abb. 17 Massenzunahme entlang der Strahlachse

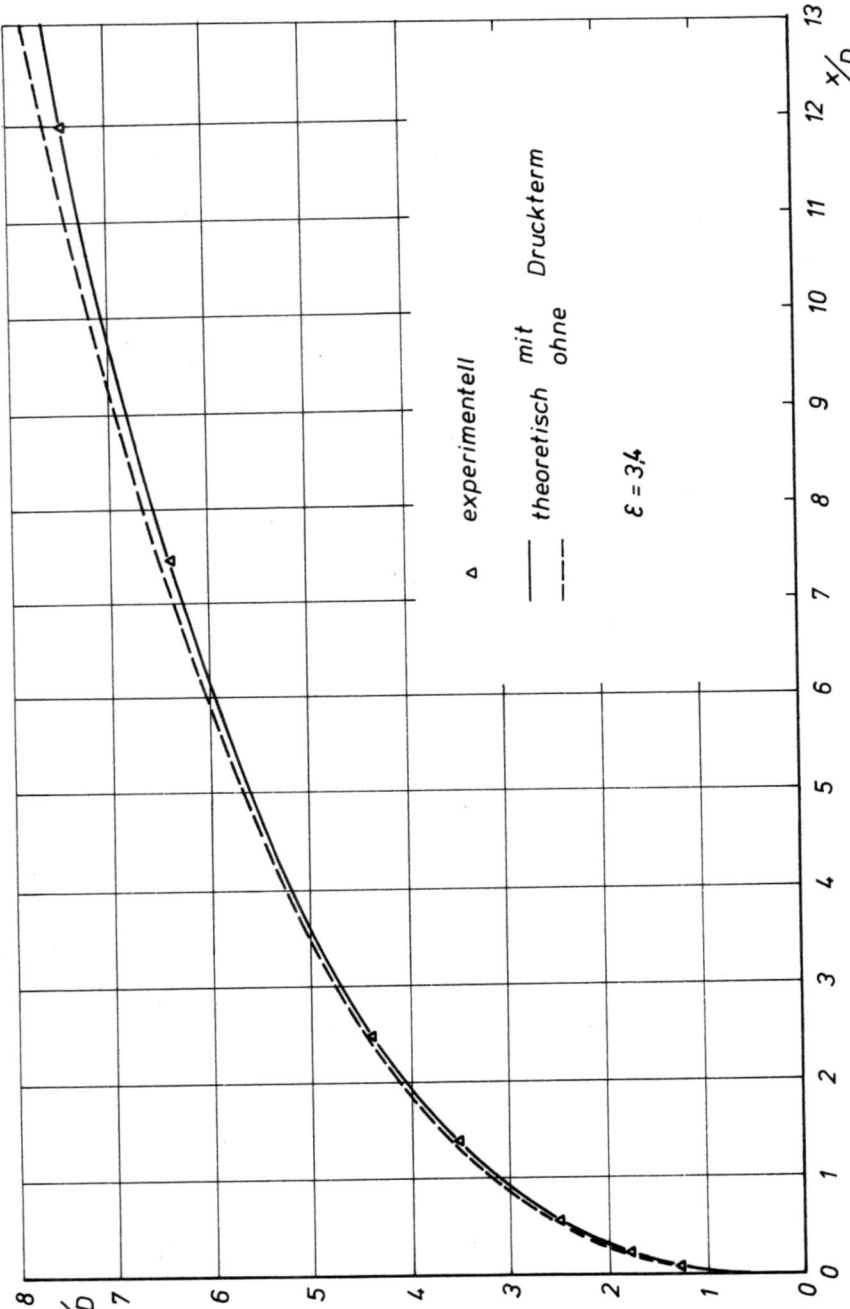

Abb. 18 Verlauf der Strahlmittellinie für R = 4

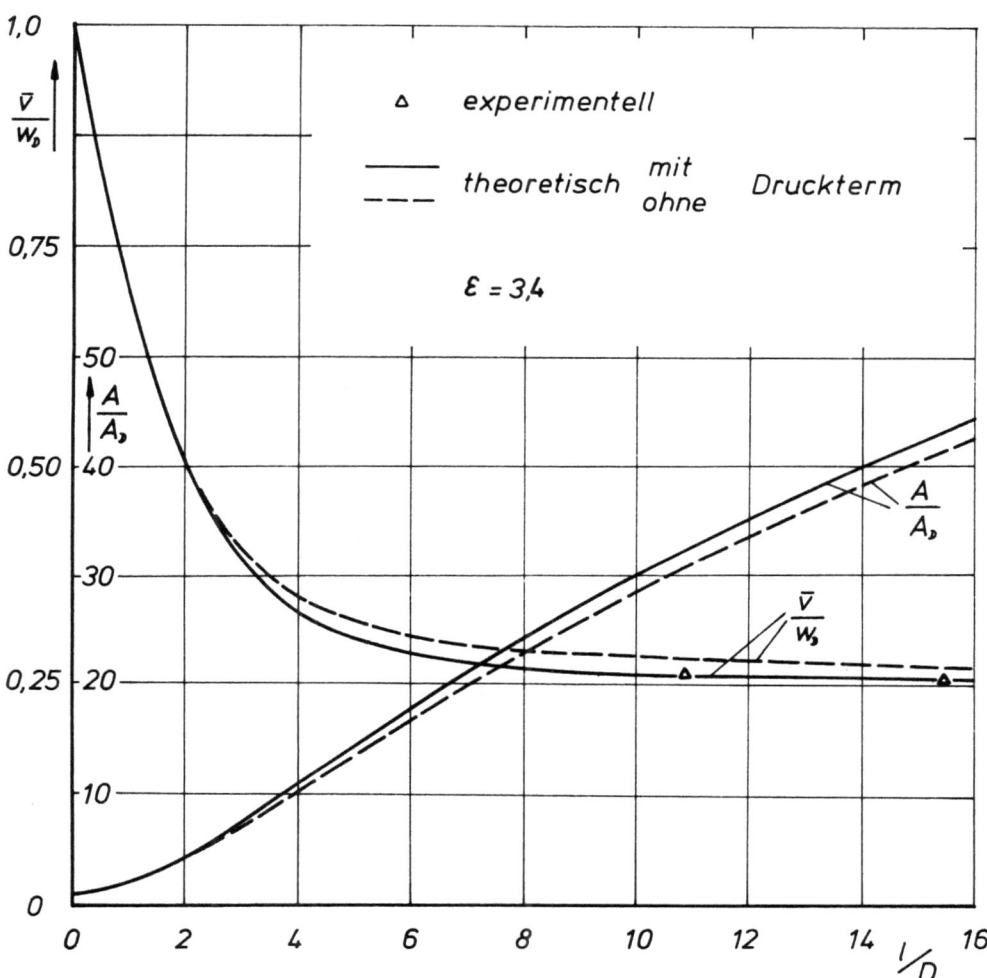

Abb. 19 mittlerer Geschwindigkeitsabfall und Flächenzunahme bei R = 4

FORSCHUNGSBERICHTE
des Landes Nordrhein-Westfalen

*Herausgegeben
im Auftrage des Ministerpräsidenten Heinz Kühn
vom Minister für Wissenschaft und Forschung Johannes Rau*

Die »Forschungsberichte des Landes Nordrhein-Westfalen« sind in zwölf Fachgruppen gegliedert:

Wirtschafts- und Sozialwissenschaften
Verkehr
Energie
Medizin/Biologie
Physik/Mathematik
Chemie
Elektrotechnik/Optik
Maschinenbau/Verfahrenstechnik
Hüttenwesen/Werkstoffkunde
Metallverarb. Industrie
Bau/Steine/Erden
Textilforschung

Die Neuerscheinungen in einer Fachgruppe können im Abonnement zum ermäßigten Serienpreis bezogen werden. Sie verpflichten sich durch das Abonnement einer Fachgruppe nicht zur Abnahme einer bestimmten Anzahl Neuerscheinungen, da Sie jeweils unter Einhaltung einer Frist von 4 Wochen kündigen können.

WESTDEUTSCHER VERLAG
5090 Leverkusen 3 · Postfach 300 620